水闸精细化管理标准

主编◎袁 聪　周成洋

·南京·

内容提要

《水闸精细化管理标准》一书是根据水闸工程精细化管理的实践经验，参照现有的规范与文件，本着“实用、易懂”的原则组织编写的一本水利工程精细化管理技术指导书，其中包括岗位管理标准、区域管理标准、设施管理标准、工作管理标准 4 大类目 97 项管理标准。本书对水闸管理的各项工作提出了执行标准，对指导水闸精细化管理，推进水利工程管理现代化进程有较好的指导作用。

图书在版编目(CIP)数据

水闸精细化管理标准 / 袁聪，周成洋主编. -- 南京：河海大学出版社，2022.4(2024.1 重印)
ISBN 978-7-5630-7501-0

Ⅰ. ①水… Ⅱ. ①袁… ②周… Ⅲ. ①水闸—水利工程管理—标准 Ⅳ. ①TV66-65

中国版本图书馆 CIP 数据核字(2022)第 052247 号

书　　名　水闸精细化管理标准
　　　　　SHUIZHA JINGXIHUA GUANLI BIAOZHUN
书　　号　ISBN 978-7-5630-7501-0
责任编辑　陈丽茹
特约校对　李春英
装帧设计　徐娟娟
出版发行　河海大学出版社
地　　址　南京市西康路 1 号(邮编:210098)
网　　址　http://www.hhup.com
电　　话　(025)83737852(总编室)　(025)83722833(营销部)
经　　销　江苏省新华发行集团有限公司
排　　版　南京布克文化发展有限公司
印　　刷　广东虎彩云印刷有限公司
开　　本　718 毫米×1000 毫米　1/16
印　　张　14.5
字　　数　289 千字
版　　次　2022 年 4 月第 1 版
印　　次　2024 年 1 月第 3 次印刷
定　　价　76.00 元

《水闸精细化管理标准》编委会

主　编　袁　聪　周成洋

副主编　牟汉书　严后军　王　俊　吴玉洁

编　写　张海龙　戴寿晔　苗　凯　宋　峰

林　立　唐　演　张　静　杨　华

刘俊青　叶兰华　钱　杨　范海平

胡志浪　朱思宇　沈　明　李自韵

薛业章　肖怀前　李显春　高　政

李　林

主　审　钱邦永　肖怀前

前　言

水利工程精细化管理就是在规范化管理的基础上，通过完善规章制度、明晰执行标准、规范操作流程，提高执行力和工作效率，是确保水利工程安全运行，实现水利工程管理现代化的重要手段。

水闸精细化管理建立在常规管理的基础上，是实现由经验管理向科学管理、粗放管理向精细管理、突击管理向常态管理的转变，加快推进水利工程管理现代化进程的重要抓手。为了更快地推进水利工程精细化管理，我们本着“实用、易懂”的原则组织编写了《水闸精细化管理标准》。本指导书在编写过程中，参照不少现有规范与文件，结合水闸精细化管理实践，对水闸管理的各项工作提出了执行标准，对指导水闸精细化管理非常实用。

由于编写时间仓促，编者水平有限，《水闸精细化管理标准》在内容覆盖性、规范性，以及文字表述等方面还存在一些不足，请读者在使用过程中提出宝贵意见。

2021 年 11 月

目　录

1 岗位管理标准

1.1 所长岗位管理标准

管理标准：

所长岗位管理标准如表 1.1 所示。

表 1.1 所长岗位管理标准

序号	项目	管理标准
1	岗位定义	所长是指水闸管理所的行政负责人。
2	岗位职责	(1) 主持本单位全面工作，认真贯彻落实上级各项工作部署。 (2) 负责制定本单位年度工作目标并组织实施，定期组织对本单位工作进行计划和总结。 (3) 负责各项管理工作，随时掌握工程运行情况，保障工程设备安全和工程效益发挥。 (4) 负责建立防汛防旱、安全生产、工程管理、行政管理等规章制度，并指导督促执行。 (5) 负责本单位综合经营工作。 (6) 组织做好水政监察、职工培训、精神文明创建等工作，加强对职工的思想、文化、业务教育。 (7) 负责对本单位工作的监督与检查，确保单位和谐有序。
3	岗位标准	(1) 保证单位管理制度完善，工作分工责任明确，奖惩激励措施到位。 (2) 及时准确传达上级有关精神，检查监督各岗位工作的完成情况及规章制度执行情况。 (3) 组织做好工程检查观测工作，制定并督促落实各项预案、操作规程等。 (4) 制定工程养护和维修计划，按上级批复意见及时组织实施，并按要求进行管理和验收。
4	专业知识	(1) 掌握水利工程及其管理的基础理论知识。 (2) 掌握水闸工程的检查观测、维修养护、控制运用等专业知识。 (3) 熟悉《中华人民共和国水法》(以下简称《水法》)、《江苏省河道管理条例》(以下简称《河道管理条例》)等法律规章和有关水闸工程管理的政策、规定与技术规范。

（续表）

序号	项目	管理标准
5	其他要求	(1) 积极开展技术革新、科学研究，重视管理机制和内部管理体制创新，不断提高工程管理水平。 (2) 服从安排，保质、保量、按时完成上级交办的临时性工作。

考核要点：

1. 认真履行工作职能，完成年度工作目标，单位安全稳定。

2. 督促领导班子成员履职，并保持领导班子团结和谐。

3. 单位不发生违法违纪和负面影响行为。

重点释义：

1. 所长需要主持完成的主要工作

(1) 年度工作目标

① 年度工作目标制定及时，切合工作实际，可操作性强，按时组织落实，确保目标完成。

② 审核年度工程管理工作计划及教育培训计划，计划全面、准确，及时组织落实。

③ 按时完成上半年工作总结及下半年工作计划、全年工作总结和下年度工作计划。总结符合实际，内容准确，层次分明，计划具有前瞻性和可行性。

(2) 日常管理工作

① 认真监督检查工作执行及完成情况，确保工作目标按时完成。

② 及时传达上级有关会议和文件精神，布置重点工作并认真落实。

(3) 工程管理工作

① 组织做好工程巡视检查工作，对巡视检查中出现的问题及时跟踪整改落实情况。

② 制定工程养护和维修计划，按上级批复意见及时组织实施，及时安排技术人员对养护维修项目进行监督、检查、验收。

(4) 防汛工作

① 完善防汛组织网络，修订防汛预案，定期组织防汛演练。

② 及时组织汛前、汛后工程检查，对发现的隐患及时处理并上报上级主管部门。

③ 安排好本单位的防汛工作，责任落实到人。

(5) 安全生产工作

① 建立健全本单位的安全生产责任制，并进行落实。

② 对本单位职工进行安全生产教育，及时组织本单位职工学习上级有关安全工作的文件。

③ 定期组织安全生产检查，对事故隐患及时整改。

④ 配合管理处安委会工作。

2. 安全生产责任制方面所长职责

(1) 对本单位的安全生产工作全面负责；与本单位职工签订安全生产责任书，落实安全生产目标并督促认真履行安全生产职责。

(2) 健全安全生产管理体系，设置安全生产管理机构，配备专(兼)职安全生产管理人员。

(3) 分解安全生产责任，组织安全生产考核。

(4) 带队检查本单位安全生产工作，督促事故隐患整改。

(5) 定期召开安全生产工作会议，分析安全生产形势，解决安全生产工作中的突出问题。

(6) 保证安全生产有效投入，依法为职工配备劳动防护用品。

(7) 建立健全应急救援体系，组织生产安全事故应急保护救援和善后处理工作，及时如实报告生产安全事故。

(8) 履行其他有关安全生产的法律、法规和管理制度中所明确的职责。

3. 法规要点

(1) 江苏省《水闸工程管理规程》(DB32/T 3259—2017)规定，水闸工程管理单位应本着“安全第一，预防为主，综合治理”的原则，做好下列事故预防工作：结合工程情况制订工程反事故应急预案，报上级主管部门批准；应建立并每年修订防洪预案、防台风预案，报上级防汛指挥部门备案；应成立防洪抢险和反事故领导小组，完善应急救援组织机构；应建立健全各种岗位责任制及反事故工作制度，明确责任；应每年组织防洪预案、反事故知识培训和演练。

(2)《中华人民共和国安全生产法》(2021 年 9 月 1 日起施行)规定，生产经营单位的主要负责人对本单位安全生产工作负有下列职责：建立健全并落实本单位全员安全生产责任制，加强安全生产标准化建设；组织制定并实施本单位安全生产规章制度和操作规程；组织制定并实施本单位安全生产教育和培训计划；保证本单位安全生产投入的有效实施；组织建立并落实安全风险分级管控和隐患排查治理双重预防工作机制，督促、检查本单位的安全生产工作，及时消除生产安全事故隐患；组织制定并实施本单位的生产安全事故应急救援预案；及时、如实报告生产安全事故。

(3)《江苏省安全生产条例》(2016 年 7 月 29 日由江苏省第十二届人民代表大会常务委员会第二十四次会议通过)规定，生产经营单位的主要负责人对本单位的安全生产工作全面负责。生产经营单位的主要负责人除应当履行《中华人民共和国安全生产法》规定的安全生产职责外，还应当履行下列职责：每季度至少组织一次安全生产全面检查，研究分析安全生产存在问题；每年至少组织并参与一次事故应急救援演练；发生事故时迅速组织抢救，并及时、如实向负有安全生产监督管理职责的部门报告事故情况，做好善后处理工作，配合调查处理。

1.2 党支部书记岗位管理标准

管理标准：

党支部书记岗位管理标准如表1.2所示。

表1.2 党支部书记岗位管理标准

序号	项目	管理标准
1	岗位定义	党支部书记是指在支部委员会的集体领导下，按照党员大会、支部委员会的决议，负责主持党支部日常工作的中国共产党基层组织负责人。
2	岗位职责	(1) 主持本支部工作，认真履行工作职责，不失职、不渎职。 (2) 负责严格督促遵守中央八项规定等上级各项规章制度，持续搞好党风廉政和作风建设。 (3) 负责本支部思想、组织、作风建设，开展政治理论宣传学习活动。 (4) 负责定期组织召开支部委员会、民主生活会和支部党员大会，传达贯彻上级指示和上级党组织决议，定期进行支部工作总结。 (5) 负责检查支部工作计划和决议的执行情况，按时向支委会、支部党员大会和上级党组织报告工作。 (6) 根据党支部委员会的意见，负责对本单位工作中的重大问题提出意见和建议，充分发挥党支部的政治核心作用。 (7) 负责职工的思想政治、精神文明建设、职工队伍的稳定工作。
3	岗位标准	(1) 认真贯彻执行党的路线、方针、政策以及党委的决定和上级指示。 (2) 加强对党员的党纪政纪和廉政教育，严肃党的组织生活，坚持"三会一课"制度，做好形势任务的宣传工作，努力培养党员的组织纪律观念，杜绝违法违纪现象的发生，积极发挥党员的先锋模范作用。 (3) 做好支部领导班子的建设，加强领导班子成员之间的团结，注重发挥集体领导和党支部的战斗堡垒作用。
4	专业知识	(1) 具有较全面的社会科学知识。 (2) 具有熟练的党务和政治工作的专业知识。其中包括：《中国共产党章程》、党的基本知识、中国共产党历史、马克思主义哲学、中国革命史等。

（续表）

序号	项目	管理标准
5	其他要求	（1）配合管理所所长做好其他工作。 （2）服从安排，保质、保量、按时完成上级交办的临时性工作。

考核要点：

1. 认真履行工作职能，完成党支部年度工作目标。

2. 督促党支部班子成员履职，并保持班子团结和谐。

3. 做好党风廉政工作，确保不发生违法违纪和负面影响行为。

重点释义：

1. 党支部书记需要完成的主要工作

（1）党支部工作

① 根据上级党组织的工作部署制定本支部工作计划，并组织实施。

② 抓好党建工作，确保职工队伍稳定，按时汇报工作。

③ 按时组织党员学习，及时传达上级文件精神，各项政策法规掌握清楚，做到传达内容清晰、完整、不走过场。

④ 积极参与研究制定本单位工作计划和目标，并配合落实。

⑤ 本单位年度党员发展、积极分子培养和申请入党人员任务指标完成率达到100%。

⑥ 落实“三会一课”制度，组织开展党内活动，做到活动有规划、有考核，形式新、方法活、效果好。党支部基础工作规范，各种记录、资料齐全。

⑦ 领导班子内部团结，工作协调；班子成员履职认真，作用发挥得好；班子勤政、廉政，凝聚力、战斗力强，整体功能得到很好的发挥。

（2）思想教育工作

① 了解职工思想动态，保持职工队伍稳定。

② 同所在单位工会、共青团等群众组织保持密切联系，交流情况，支持他们的工作，充分调动各方面的积极性。

2. “三会一课”制度：“三会”指定期召开支部党员大会、党支部委员会和党小组会，“一课”指按时上好党课。支部党员大会：每季度召开一次，会议由党支部书记主持，书记不在时由副书记主持。支部委员会：每月召开一次，遇特殊情况及有必要时，可随时召集。党小组会：一般每月召开一至两次，如支部有特殊任务，次数可增加，也可推迟召开。党课上课时间：每个季度上一次党课。

1.3 副所长岗位管理标准

管理标准：

副所长岗位管理标准如表1.3所示。

表1.3 副所长岗位管理标准

序号	项目	管理标准
1	岗位定义	在所长领导下协助所长完成日常工作，协助负责某些方面工作。
2	岗位职责	(1) 协助所长做好本单位的行政工作。 (2) 具体负责工程管理、安全生产、水政、水文或综合经营等某些方面工作，制定计划并组织实施。 (3) 协助所长开展工程技术管理，掌握工程运行状况，及时处理主要技术问题。 (4) 协助所长制定完善各项规章制度，做好检查执行情况。 (5) 协助所长制定工程维修、养护、防汛急办等计划，并组织实施。 (6) 协助所长、党支部书记做好水政监察、精神文明创建等工作。
3	岗位标准	(1) 做好工程调度指令执行，及时组织完成工程运行任务。 (2) 根据单位实际情况，合理制定年度职工培训计划，并认真组织执行。
4	专业知识	(1) 掌握水利工程及其管理的基础理论知识。 (2) 掌握水闸工程的检查观测、维修养护、控制运用等专业知识。 (3) 熟悉《水法》《河道管理条例》等法律法规和有关水闸工程管理的政策、规定与技术规范。
5	其他要求	(1) 制定技术革新、科学研究计划，参与推进管理机制和内部管理体制创新。 (2) 努力学习政治与业务技能，协助所长做好其他各项工作。 (3) 当所长不在岗或任务量较大时，需按所长岗位工作职责和标准及时准确地完成相应工作。

考核要点：

1. 认真履行工作职能，完成分管工作任务，分管工作有计划、有条理，要求具体，实施得力，检查及时，效果良好。

2. 按照法律法规，结合单位实际情况，开展规范化、精细化管理，使工程效益得到最大发挥。

3. 做好分管范围内党风廉政和安全生产工作，确保不发生安全事故、违法违纪和负面影响行为。

重点释义：

1. 副所长需要完成的主要工作

(1) 工程管理工作

① 协助所长做好工程的日常管理巡视检查工作，对巡视检查中出现的问题，及时提出解决方案，并跟踪整改落实情况。

② 协助所长制定工程养护和维修计划，按上级批复意见及时组织实施，参与或及时安排技术人员对养护维修项目进行监督、检查、验收。

(2) 安全生产工作

① 制定本单位安全生产工作计划及安全生产培训计划。

② 定期进行安全生产检查，对在安全生产检查中发现的事故隐患及时整改。遇特殊情况，随时检查。对发现的事故隐患，及时组织整改并按权限上报。

(3) 水政监察工作

① 制定本单位水政监察工作计划，监督计划的组织落实。

② 对水政监察工作进行总结，内容客观全面。

(4) 业务培训工作

① 制定本单位年度培训计划，计划周密，安排合理。

② 将培训时间、内容、效果及时向所长汇报。

(5) 信息工作

审核、督促本单位信息、月报等编报工作，确保报送及时，不漏报、瞒报。

2. 法规要点

(1) 江苏省《水闸工程管理规程》(DB32/T 3259—2017)规定：水闸工程管理单位应根据所管工程的情况和要求，建立健全并及时修订各项技术管理制度。技术管理制度一般包括：水闸控制运用方案和调度管理制度；运行操作和值班管理制度；工程检查和观测制度；工程维修和养护制度；设备管理制度；安全生产管理制度；水行政管理制度；技术档案管理制度；工作报告和总结制度；岗位管理制度；教育培训制度；目标管理和考核奖惩制度；综合管理和工程大事记制度。

(2)《江苏省安全生产条例》(2016 年 7 月 29 日由江苏省第十二届人民代表大会常务委员会第二十四次会议通过)规定：分管安全生产的负责人直接监督管理安全生产工作。

1.4 技术负责人岗位管理标准

管理标准：

技术负责人岗位管理标准如表1.4所示。

表1.4 技术负责人岗位管理标准

序号	项目	管理标准
1	岗位定义	保障工程安全，提出水利资源利用和控制运用方案，提出工程技术管理细则和技术管理计划等，并在上级批准后，负责组织实施、研究解决、审查工程技术问题的技术人员。
2	岗位职责	(1) 负责本单位技术工作，牵头组织检查观测、维修养护、操作运行等技术工作。 (2) 负责审核工程维修、养护和防汛急办等技术方案。 (3) 负责贯彻执行相关技术标准、规范、规程，并开展技术分析、改造和创新。 (4) 负责修订完善本单位各类预案、运行规程、管理细则等。 (5) 负责审查、编制日常养护及维修工程项目初步计划、实施方案、开工报告、预决算及施工管理卡等，经管理所领导审核后，报上级主管部门审批。
3	岗位标准	(1) 对设施设备养护维修工程的质量和实施情况进行检查和监督。 (2) 协助做好汛前、汛后及日常工程巡查检查工作，具体做好工程检查观测工作。 (3) 做好检查报告、维修养护资料、各项报表的审查编报工作。
4	专业知识	(1) 掌握水闸规划、设计、管理、运行、检修等方面的专业知识。 (2) 熟悉水文、水工、机电等相关专业知识。 (3) 掌握水闸工程管理的技术规范、标准。
5	其他要求	(1) 努力学习，不断进行知识更新，积极推广新科技、新工艺、新设备，对职工进行业务辅导，不断提高单位的技术管理水平。 (2) 协助领导制定技术革新、科学研究计划，参与推进管理机制和内部管理体制创新。 (3) 完成领导交办的临时性工作任务。

考核要点：

1. 具备一定的技术水平和处理解决技术问题的能力。
2. 能承担本单位技术工作。
3. 能按时保质保量完成工作任务。
4. 工作吃苦耐劳，兢兢业业；勤奋好学，更新专业技术知识快。

重点释义：

1. 技术负责人需要完成的主要工作

(1) 工程管理工作

定期对工程设施进行巡视检查，将检查出的问题及时上报管理所领导，经管理所领导审核后上报上级职能部门。

(2) 维修养护工作

① 及时审查工程维修养护计划，审查后报送管理所领导审核。组织编制日常养护和维修工程预算。

② 对养护维修工程的质量和实施情况进行检查和监督。

③ 组织好养护维修工程的技术管理工作。

2. 水闸管理制度技术负责人岗位责任制

(1) 负责工程技术管理，掌握工程运行状况，及时处理主要技术问题。

(2) 负责所属流域范围内有关所辖工程的调查研究工作，以利于工程的控制运用。

(3) 做好防汛工作和冬季防冻工作。

(4) 组织编制并落实工程管理规划、年度计划、总结及工程度汛预案。

(5) 编制年度运行计划、检修预算，编写故障、事故分析报告及技术小结。

(6) 努力学习，不断进行知识更新，积极推广新技术、新工艺、新设备，对职工进行业务辅导，不断提高单位的技术管理水平。

(7) 承担安全生产管理与监督工作，承担安全生产宣传教育工作，参与制定、落实安全生产管理制度及技术措施。

1.5 工程管理技术人员岗位管理标准

管理标准：

工程管理技术人员岗位管理标准如表 1.5 所示。

表 1.5 工程管理技术人员岗位管理标准

序号	项目	管理标准
1	岗位定义	具有工程技术能力并负责工程技术管理工作的人员。

（续表）

序号	项目	管理标准
2	岗位职责	(1) 熟悉工程现状、规划、设计、施工情况及存在问题。 (2) 熟悉工程技术管理细则及有关技术标准，执行各项操作规程及工程技术管理制度。 (3) 具体做好工程的控制运用、检查观测、养护维修等业务。 (4) 编制工程日常养护及维修工程项目预算，做好工程施工、质量控制、工程验收等工作。 (5) 具体做好检查报告、维修养护资料、各项报表等编报工作。 (6) 具体做好技术档案的收集、管理工作。
3	岗位标准	(1) 对设施设备养护、维修工程的质量和实施情况进行检查和监督。 (2) 协助技术负责人做好汛前、汛后及日常工程巡查检查工作，做好工程检查观测工作。
4	专业知识	(1) 熟悉水闸规划、设计、管理、运行、检修等方面的专业知识。 (2) 熟悉水文、水工、机电等相关专业知识。 (3) 熟悉水闸工程管理的技术规范、标准。
5	其他要求	(1) 注重业务学习，服从安排，保质、保量、按时完成工作。 (2) 协助技术负责人制定技术革新、科学研究计划。 (3) 完成领导、技术负责人交办的临时性工作任务。

考核要点：

1. 具备一定的技术水平和处理解决技术问题的能力。

2. 能按时保质保量完成工作任务。

3. 工作吃苦耐劳，兢兢业业；勤奋好学，更新专业技术知识快。

重点释义：

1. 工程管理技术人员需要完成的主要工作

(1) 工程管理工作

① 每天对工程设施的日常管理进行巡视检查，认真填写巡视检查记录，并将检查出的问题及时上报管理所领导。

② 定期对工程设施进行巡视检查，并填写巡视检查记录，将检查出的问题及时上报管理所领导，经管理所领导审核后上报上级职能部门。

③ 负责做好汛前、汛后工程观测工作，对数据资料进行整编分析，完成后报技术负责人审查。

(2) 维修养护工作

① 编制工程养护和维修计划，编写项目预算，完成后报技术负责人审查。

② 对养护维修工程的质量和实施情况进行检查和监督。

(3) 技术资料管理工作

① 负责收集整理技术资料,及时移交档案室归档。

② 及时编写工程管理各类报表、检查报告。

2. 水闸管理制度工程管理技术人员岗位责任制

(1) 掌握控制运用、检查观测、养护维修等业务。

(2) 组织检查观测,编制工程维修计划、施工管理与资料收集等工作,并按要求建立、完善各项技术档案。

(3) 及时收集运行、检修、试验、检查、观测等技术资料,分析整理,按类归档。

(4) 参与工程维修、养护,消除工程隐患,确保工程安全。

(5) 熟悉工程管理、控制运用的制度、规程、技术方法,掌握工程概况、机电设备性能、水工建筑物的主要技术参数以及工程存在问题等。

(6) 了解工程、设备运行和检修情况,审查分析各项记录、试验报告,做好质量检查、验收工作,督促各项规章制度的执行。

(7) 结合业务需要开展科学研究与技术革新,不断提高工程管理水平。

3. 法规要点

(1)《江苏省水利工程管理考核办法(2017 年修订)》(苏水管〔2017〕26 号)规定:省一、二级水利工程管理单位应配备中级及以上职称工程技术人员,省三级水利工程管理单位应配备初级及以上职称工程技术人员。

(2) 江苏省《水闸工程管理规程》(DB32/T 3259—2017)规定:档案设施齐全、清洁、完好。对于控制运用频繁的水闸,运行资料整理与整编宜每季度进行 1 次;对于运用较少的水闸,运行资料整理与整编宜每年进行 1 次。资料整理与整编应包括以下内容:有关水闸管理的政策、标准、规定及管理办法、上级批示和有关的协议等;水闸建设及技术改造的规划、设计、施工、验收等技术文件;各项控制运用工作原始记录,包括操作记录表格及工程相应效果记录;工程检查观测、维修养护、加固、安全鉴定资料及科学研究等方面的技术文件、资料及成果等;工程运用工作总结;有条件的单位可将对应的影像资料一并整理存档。

1.6 安全员岗位管理标准

管理标准:

安全员岗位管理标准如表 1.6 所示。

表 1.6 安全员岗位管理标准

序号	项目	管理标准
1	岗位定义	负责安全生产的日常监督与管理工作，做好定期与不定期的安全检查，控制安全事故的发生。
2	岗位职责	(1) 具体做好本单位安全生产、安全教育、安全检查。 (2) 负责定期开展安全知识培训与考核，检查安全措施落实情况。 (3) 负责安全生产措施的制定、实施、监督。 (4) 负责安全生产用具的管理、检查和试验。 (5) 负责安全生产设施的日常管理。
3	岗位标准	(1) 做好本单位的安全生产状况检查工作，及时排除安全事故隐患，提出改进安全生产管理的建议。 (2) 具体做好本单位安全生产规章制度、操作规程和安全生产事故应急救援预案编写工作。 (3) 具体督促落实本单位危险源的安全管理，组织或参与本单位应急救援演练。 (4) 做好本单位违章指挥、强令冒险作业、违反操作规程的行为制止和纠正工作。
4	专业知识	(1) 掌握安全生产法、劳动法等相关法律法规知识。 (2) 有一定的安全生产管理经验，具有分析和处理安全生产问题的能力。
5	其他要求	(1) 履行其他有关安全生产的法律法规和管理规定中所明确的职责。 (2) 完成领导、技术负责人交办的临时性工作任务。

考核要点：

1. 具备一定的安全生产业务能力。

2. 单位安全生产工作规范有序。

3. 安全生产标准化、常态化管理。

4. 安全生产台账资料齐全、规范。

重点释义：

1. 安全员需要完成的主要工作

(1) 安全生产管理工作

① 组织并参与拟定本单位安全生产规章制度、操作规程和安全生产事故应急救援预案。

② 每年协助单位领导按时完成与全体职工签订安全生产责任状的工作。

③ 每月组织召开安全生产会议，对上级安全生产文件精神及时组织召开安

全生产会议进行安排落实，做到记录详细，落实全面。

④ 每月对本单位安全生产检查不少于1次，记录详细真实。发现安全生产隐患，及时跟踪整改，并对整改情况进行复查。

⑤ 安全生产台账填写规范、资料完整、摆放整齐有序。

⑥ 若发生安全生产事故，配合有关部门做好事故调查工作，形成书面材料上报有关部门并存档。

（2）安全生产培训管理工作

① 结合实际按时组织安全生产知识培训，培训内容充实、针对性强。

② 审核本单位技术工人各类操作证的年检和换证时间，及时与有关部门联系培训、年检及换证，确保持证上岗率达到100%。

2. 水闸管理制度安全员岗位责任制

（1）在安全生产领导小组的领导下，积极协助领导组织职工学习和贯彻执行国家的劳动保护政策、法令及上级颁布的安全规程、管理制度，并模范遵守。敢于制止违章指挥、违章作业和违反劳动纪律的行为。

（2）协助领导搞好安全生产、安全教育、安全监督。认真开展安全活动，坚持文明生产。

（3）经常检查运行、检修现场及设备的安全，督促工作人员落实安全措施，正确保管、使用安全用品、用具。

（4）参加本单位组织的安全检查，对查出的问题，协助有关人员认真整改。

（5）发生人身、设备事故应及时报告，积极参加抢救工作，并保护好现场，做好事故的调查工作。

（6）定期检查消防器具，加强消防器材管理，经常开展防火宣传工作。

（7）协助有关部门关心特殊工种职工和女职工的健康，帮助解决好他（她）们的劳动保护问题。

3. 安全生产责任制安全员岗位责任制

（1）组织或者参与拟订本单位安全生产规章制度、操作规程和生产安全事故应急救援预案。

（2）组织或者参与本单位安全生产教育和培训，如实记录安全生产教育和培训情况。

（3）督促落实本单位重大危险源的安全管理措施。

（4）组织或者参与本单位应急救援演练。

（5）检查本单位的安全生产状况，及时排查生产安全事故隐患，提出改进安全生产管理的建议。

（6）制止和纠正违章指挥、强令冒险作业、违反操作规程的行为。

（7）督促落实本单位安全生产整改措施。

(8) 履行其他有关安全生产的法律、法规和管理规定中所明确的职责。

4. 法规要点

(1)《中华人民共和国安全生产法》(2021 年 9 月 1 日起施行)规定,生产经营单位的安全生产管理机构以及安全生产管理人员履行下列职责:组织或者参与拟订本单位安全生产规章制度、操作规程和生产安全事故应急救援预案;组织或者参与本单位安全生产教育和培训,如实记录安全生产教育和培训情况;组织开展危险源辨识和评估,督促落实本单位重大危险源的安全管理措施;组织或者参与本单位应急救援演练;检查本单位的安全生产状况,及时排查生产安全事故隐患,提出改进安全生产管理的建议;制止和纠正违章指挥、强令冒险作业、违反操作规程的行为;督促落实本单位安全生产整改措施。

(2)《江苏省安全生产条例》规定:除矿山、金属冶炼、建筑施工、船舶修造、船舶拆解、道路运输单位和危险物品的生产、经营、储存单位以外的其他生产经营单位,从业人员一百人以上的,应当设置安全生产管理机构或者配备专职安全生产管理人员;从业人员不足一百人的,应当配备专职或者兼职的安全生产管理人员。

生产经营单位的安全生产管理机构和安全生产管理人员除应当履行《中华人民共和国安全生产法》规定的安全生产职责外,还应当履行下列职责:组织安全生产日常检查、岗位检查和专业性检查,并每月至少组织一次安全生产全面检查;督促各部门、各岗位履行安全生产职责,并组织考核、提出奖惩意见;参与所在单位事故的应急救援和调查处理。

1.7 水文技术人员岗位管理标准

管理标准:

水文技术人员岗位管理标准如表 1.7 所示。

表 1.7 水文技术人员岗位管理标准

序号	项目	管理标准
1	岗位定义	负责水文监测工作的专业技术人员。
2	岗位职责	(1) 负责配合站长做好本站的安全生产工作,落实安全措施。 (2) 负责指导水文勘测工观测作业、测验设施保养、遥测设备维护等常规工作。 (3) 做好本站水位流量关系曲线测定,并逐年检验校线加以完善。 (4) 配合站长编制勘测工业务学习和技能培训方案,进行业务培训和技术指导。 (5) 排除遥测终端技术故障。

（续表）

序号	项目	管理标准
3	岗位标准	(1) 熟练掌握水文水利计算方法，对计算结果开展分析等相关技术性研究。 (2) 熟练掌握水文资料的在站整编方法，能够对遥测数据进行预处理，并熟练使用整汇编软件，对遥测摘录成果进行整汇编，输出相关站区的逐日平均成果表。
4	专业知识	(1) 熟悉本站水文特性和工作要求，了解本站所在工程的水情、工情。 (2) 掌握水文工作各种规程、方法。
5	其他要求	(1) 注重学习业务知识，积极参加业务培训。 (2) 完成领导、技术负责人交办的临时性工作任务。

考核要点：

1. 水情调度工作及时完成，组织做好本站测验工作。

2. 水文资料完整规范，遥测自动测报系统运行正常。

3. 熟练使用各测验设备，不违章违规操作。

重点释义：

1. 水文技术人员需要完成的主要工作

(1) 水文调度工作

① 及时填写调度通知，保证调度内容填写准确无误。

② 调度命令下发及时，履行手续齐全，按要求存档备份。

③ 及时将调度执行情况反馈至有关单位。

(2) 水文资料整理、校核、上报、管理工作

① 根据相关制度、规范要求，做好水情、雨情水文数据的填写审核工作，记录详细并将所掌握的水文数据及时向领导汇报。

② 每天按规定时间观察水位、流量，并在规定时间内拟发报文，整理上报水文数据，按照随测算、随发报、随整理、随分析的原则。

③ 根据上报的水情信息，科学判断、合理制定调度方案。

④ 资料必须专人保管，保管人员对资料的安全负责。

⑤ 所有历史资料登记造册，妥善保存。

⑥ 所有资料一律不得外借，内部人员查阅，由管理人员提供，必要时办理有关手续。

⑦ 对外提供资料，应经领导同意。

(3) 水文测验工作

① 制定切合实际的规范、制度,做到水文测验资料规范化。

② 审核测验数据,并进行存档。

2. 法规要点

《中华人民共和国水文条例(2017 年修订)》规定:基本水文监测资料应当依法公开,水文监测资料属于国家秘密的,对其密级的确定、变更、解密以及对资料的使用、管理,依照国家有关规定执行。

国家依法保护水文监测设施。任何单位和个人不得侵占、毁坏、擅自移动或者擅自使用水文监测设施,不得干扰水文监测。

禁止在水文监测环境保护范围内从事下列活动:种植高秆作物、堆放物料、修建建筑物、停靠船只;取土、挖砂、采石、淘金、爆破和倾倒废弃物;在监测断面取水、排污或者在过河设备、气象观测场、监测断面的上空架设线路;其他对水文监测有影响的活动。

1.8 档案员岗位管理标准

管理标准:

档案员岗位管理标准如表 1.8 所示。

表 1.8 档案员岗位管理标准

序号	项目	管理标准
1	岗位定义	负责单位档案入库、归档、组卷、分类、查阅手续、保管、销毁等相关工作的人员。
2	岗位职责	(1) 严守单位机密,认真执行档案管理制度。 (2) 负责档案资料登记,做好档案资料的接收、整理、保管和统计工作。 (3) 负责档案资料借阅,认真做好借阅记录。 (4) 负责收集、整理本单位应归档的各类文件材料,做好归档工作。 (5) 负责库房内清洁,按时做好库内温湿度测试、记录和调节工作。
3	岗位标准	(1) 做好档案借阅工作,健全档案出入库登记和外来人员进库房参观批准登记等手续,各项登记、统计、记录要做到及时准确。 (2) 做好档案整理工作,对接收的档案资料,分类别编号归档。 (3) 定期清查档案,做到档案资料与档案目录相符。
4	专业知识	(1) 掌握档案专业理论知识,熟悉档案学概论、档案管理学、科技档案管理学、档案保护技术学、档案分类学、档案目录学等专业知识。 (2) 掌握本行业有关档案收集整理的规程规范及制度。

（续表）

序号	项目	管理标准
5	其他要求	(1) 对未按制度办事，造成资料错误、遗失，对工程管理造成影响或损失的，将追究当事人责任。 (2) 学习档案的专业知识，使档案工作科学化、系统化、制度化。 (3) 完成领导、技术负责人交办的临时性工作任务。

考核要点：

1. 档案管理能力，确保档案及时归档。
2. 档案管理规范有序，通过星级档案室验收。
3. 更新档案专业技术知识快。

重点释义：

1. 档案员主要工作

(1) 档案室环境卫生工作

① 档案室地面保持干净，无垃圾、无废弃杂物。

② 定期打开窗户，保持档案室内通风良好，避免档案受潮而损坏。

③ 定期清理档案柜，防止有灰尘。

(2) 档案资料的交接

① 移交的入档档案资料，要保证按要求做到整理规范，做好相应的移交资料清单，确保清单与移交资料内容相符。

② 接收档案时，对照移交清单，对入档的档案资料逐一核对，确认无误后，档案管理员与移交人员在档案交接单上签字。

③ 办理完交接手续的档案，要分类整理，写好档案目录。

(3) 档案的借阅

① 借阅人员在档案借阅单上写明需借阅的档案名称、借阅人。

② 档案管理员对照档案借阅单找出档案，并在借阅单上注明每个档案资料的数量及借阅日期。

③ 档案管理员对于所借出的档案资料到期不能归还的，要督促借阅人归还。若需继续借阅，要重新登记并办理借阅手续。

(4) 档案的归还

① 借阅人归还档案时，管理员根据档案借阅单填写的内容逐一核对，确保档案资料完好无损。

② 确定档案资料后，在档案借阅单上填写归还日期。

③ 若归还的是整盒档案资料，按照类别放在原来的档案柜中。

④ 零散的档案资料，按其编号找出相应的档案盒，按序号放入盒内。

(5) 档案资料的整理、保管

① 按所分类别，编写档案目录，以便于查找。

② 定期对照档案目录，核查档案，防止档案资料丢失或损坏。

③ 核查中发现损坏、字迹受潮、缺失的档案资料，要做好登记，并且及时向领导汇报详细情况。

2. 水闸管理制度档案员岗位责任制

(1) 热爱档案事业，忠于职守，树立良好的职业道德，努力学习业务，不断提高专业知识水平。监督、指导本单位内部文件的收集、整理、立卷和归档工作。

(2) 科学管理所藏档案，熟悉档案内容，做好编研工作，积极主动为本单位各项工作服务，充分发挥档案的作用和效益。

(3) 定期检查档案的保管状况，对破损或褪变的档案应及时抢救、修复，积极改善档案的保管条件。

(4) 健全档案出入库登记和外来人员进库房参观批准登记等手续，各项登记、统计、记录要做到及时准确。

(5) 保持库房内清洁，按时做好库内温湿度测量、记录和调节工作，正确使用电器、设备，做好防治工作，发现问题及时改进。

3. 法规要点

(1) 江苏省《水闸工程管理规程》(DB32/T 3259—2017)规定：水闸工程管理单位应建立技术档案管理制度，应由熟悉了解工程管理、掌握档案管理知识并经培训取得上岗资格的专职或兼职人员管理档案，档案设施齐全、清洁、完好。

各类工程和设备均应建档立卡，文字、图表等资料应规范齐全，分类清楚、存放有序，按时归档。

严格执行保管、借阅制度，做到收借有手续，按时归还。

(2)《档案库房技术管理暂行规定》规定：档案库房的温度应控制在 14 ℃～24 ℃，有设备的库房日变化幅度不超过±2 ℃；相对湿度应控制在 45%～60%，有设备的库房日变化幅度不超过±5%。

1.9 闸门运行工岗位管理标准

管理标准：

闸门运行工岗位管理标准如表 1.9 所示。

表 1.9　闸门运行工岗位管理标准

序号	项目	管理标准
1	岗位定义	从事闸门及启闭设备的检查、操作、养护、维修人员。
2	岗位职责	(1) 负责按照调度运行指令，实施运行管理。 (2) 负责闸门及启闭机日常保养工作。 (3) 具体做好闸门及启闭机定期检查、保养工作。 (4) 做好工程设备日常巡视检查。
3	岗位标准	(1) 对所辖水闸设施设备进行检修，积极参加突发设备事故抢险。 (2) 按规定及时填写水闸运行、检查、维护相关记录，并及时递交技术管理人员汇总、整理。
4	专业知识	(1) 熟悉相关规范及制度、安全操作规程。 (2) 熟悉闸门的结构形式、运用方式和保养方法。 (3) 掌握启闭机及其电气控制工作原理。
5	其他要求	(1) 注重学习业务知识，积极参加业务培训和工勤人员技术等级考核。 (2) 完成领导、技术负责人交办的临时性工作任务。

考核要点：

1. 按照操作规程进行操作运行，全年安全无事故。

2. 及时对闸门、启闭机进行维护、检修，确保水闸安全度汛。

3. 积极主动学习专业知识，取得相应岗位证书。

重点释义：

1. 闸门运行工主要工作

(1) 水闸日常管理养护工作

① 执行水闸各项操作任务，严格按照操作规程完成好水闸各项操作任务，按照上级主管部门下达的调度指令正确完成。

② 规范填写水闸运行操作记录。

③ 及时组织清理水闸上下游水面漂浮物，及时清理水闸辖区杂草、杂物，保持环境卫生。

④ 负责闸室卫生保洁工作，确保整洁卫生。

⑤ 积极参与对水闸闸门和启闭机的维护和检修，达到水闸工程管理规程要求。

(2) 培训工作

① 积极参加业务培训，做好学习笔记，学懂弄会。

② 积极参加工勤人员技术等级升级考核，确保持证上岗。

2. 水闸管理制度闸门运行工岗位责任制

(1) 按照调度指令，合理、安全控制闸门，密切注视水情、工情变化。

(2) 熟悉闸门、启闭机的运用，发现问题应及时修复或提出改进意见，保证设备的整洁完好。

(3) 严格按闸门、启闭机运用操作规程进行操作，确保设备完好、运行安全，并做好设备的检修、保养、运行记录。

3. 法规要点

(1) 江苏省《水闸工程管理规程》(DB32/T 3259—2017)规定，应由持有上岗证的闸门运行工或熟练掌握操作技能的技术人员进行操作、监护，做到准确及时。

(2) 江苏省《水闸工程管理规程》(DB32/T 3259—2017)规定，闸门门叶的养护应符合下列要求：及时清理面板、梁系及支臂附着的水生物、泥沙和漂浮物等杂物，梁格、臂杆内无积水，保持清洁；及时紧固配齐松动或丢失的构件连接螺栓；闸门运行中发生振动时，应查找原因，采取措施消除或减轻。

闸门行走支承装置的养护应符合下列要求：定期清理行走支承装置，保持清洁；保持运转部位的加油设施完好、畅通，并定期加油。闸门滚轮、弧形门支铰等难以加油部位，应采取适当方法进行润滑，一般可采用高压油泵(枪)定期加油；及时拆卸清洗滚轮或支铰轴堵塞的油孔、油槽，并注油。

① 闸门吊耳、吊杆及锁定装置的养护应符合下列要求：定期清理吊耳、吊杆及锁定装置；吊耳、吊杆及锁定装置的部件变形时，可矫正，但不应出现裂纹、开焊。

② 闸门止水装置的养护应符合下列要求：止水橡皮磨损、变形的，应及时调整达到要求的预压量；止水橡皮断裂的，可粘接修复；对止水橡皮的非摩擦面，可涂防老化涂料；冬季应将水润滑管路排空，防止冻坏。

③ 闸门埋件的养护应符合下列要求：定期清理门槽，保持清洁；闸门的预埋件应有暴露部位非滑动面的保护措施，保持与基体联结牢固、表面平整、定期冲洗。主轨的工作面应光滑平整并在同一垂直平面，其垂直平面度误差应符合设计规定。

检修闸门放置应整齐有序，并进行防腐保护，如局部破损或止水损坏，应进行维修。

1.10 机工岗位管理标准

管理标准：

机工岗位管理标准如表1.10所示。

表1.10 机工岗位管理标准

序号	项目	管理标准
1	岗位定义	负责机械设备维护保养及管理工作，协助闸门运行工工作的技术工人。
2	岗位职责	(1) 负责柴油发电机组的使用、管理、保养、维修等工作。 (2) 负责机械设备的定期检查和保养工作。 (3) 负责维修工具的使用、维护、管理。 (4) 提出机械设备养护、修理及更新改造计划。 (5) 对柴油发电机每月试机一次，填写试机记录。 (6) 负责健全机械设备警示标志及各种图表。
3	岗位标准	(1) 对机械设备进行例行巡检。对发现的设备缺陷，需要进行检修改进更换的零件及时汇报，按消除设备缺陷的程序及时进行登记。 (2) 确保机械设备完好率达100%，保证机械设备正常运行。 (3) 积极消除设备缺陷，对不能及时消除的缺陷，制定出可靠的安全措施，缺陷消除率达到95%以上。 (4) 按设备检修标准进行设备大、小修工作，按时完成分配的各项任务，并符合质量要求。
4	专业知识	(1) 掌握机械原理基础知识和机械制图、识图的基本知识。 (2) 熟悉工程机械设备构造、性能、工作原理，具有一定的修理技术。 (3) 熟悉使用和维修过程中影响机械精度的各种因素及具体的检测方法。
5	其他要求	(1) 注重学习业务知识，积极参加业务培训、工勤人员技术等级考核。 (2) 完成领导、技术负责人交办的临时性工作任务。

考核要点：

1. 积极主动学习专业知识，取得相应岗位证书。

2. 按时完成所管设备的维护保养、日常检修、大修以及更新改造等工作并保证符合相关质量要求。

3. 熟悉主要设备结构及工作原理，掌握所管设备的修理技能，具备设备修理的能力。

重点释义：

1. 机工主要工作

(1) 日常检修

① 对自己责任范围内的设备进行巡视检查，保证机械设备正常运行。

② 按规定检查巡视，对易损易坏部分重点检查。发现问题要立即处理，处理不了的要向有关领导反映。

③ 加强对检修工具的管理，防止工具丢失或损坏。

④ 及时、准确填写巡视检修记录。

(2) 消除缺陷

① 积极消除设备缺陷，做到小缺陷能当天消除，对不能及时消除的缺陷，制定出可靠的安全措施，缺陷消除率达到95％以上。

② 消除设备缺陷后，将现场清理干净，做到现场无杂物，设备完整，地面清洁，技术负责人验收合格后终结此项工作。

③ 对于消除缺陷设备投用后，应及时了解设备运行情况及缺陷消除情况。

(3) 设备大、小修工作

① 大、小修工作应按制定的设备检修标准进行工作。

② 按计划工期，在技术负责人统一安排下，按时完成分配的各项任务。

③ 设备大、小修工作应按照“应修必修、修必修好”的原则进行，计划检修项目不能漏项、随意减项，在自检自查的基础上，按照检修维护标准进行检查验收、质检，手续完备，检修质量达到优良。

④ 设备大、小修工作，必须在批准下达的工期内完成，如有特殊情况不能在计划工期内完成，则应逐级申请修改计划，并按上级批准的修订后计划执行。

(4) 故障抢修

接到故障抢修电话应及时赶到现场，按照应急预案和技术负责人安排进行抢修。

2. 水闸管理制度机工岗位责任制

(1) 认真学习业务技术，不断提高业务技术水平。

(2) 熟悉工程机械设备构造、性能、工作原理，具有一定的修理技术。

(3) 负责柴油发电机组的使用、管理、保养、维修等工作。

(4) 负责和指导闸门运行工进行机械设备的定期检查和保养工作。

(5) 负责维修工具的使用、维护、管理。

(6) 提出机械设备养护、修理及更新改造计划。

(7) 健全机械设备警示标志及各种图表。

3. 柴油机每月保养、维护1次，试机10分钟，确保蓄电池正常，备用油充足，各部件紧固检查，发现问题及时上报，并准确记录。

4. 设备完好率：完好的设备在全部设备中的比重。计算公式为设备完好率＝完好设备总台数/生产设备总台数×100%。

设备完好率考核办法：设备性能良好，机械设备能稳定地满足工艺要求。动力设备的功能达到原设计规定标准，运转无超温、超压、超速现象；设备运转正常，零部件齐全、安全防护装置良好，磨损腐蚀程度不超规定标准，制动系统、计量仪器仪表和润滑系统工作正常；润滑功能等正常，基本无"跑冒滴漏"现象；设备技术资料齐全、准确；设备外观整洁、卫生。

5. 缺陷消除率：当月消除的设备缺陷总数与当月发生的缺陷总数(含遗留)的百分率。

6. 江苏省《水闸工程管理规程》(DB32/T 3259—2017)规定，柴油发电机组养护维修应符合下列要求：检查柴油机各部油位是否正常，油质是否合格，不满足要求的，应补油或换油；检查绝缘电阻是否符合要求，更换不符合要求的部件；及时修复有卡阻的发电机转子、风扇与机罩间隙；擦拭干净集电环换向器，及时调整电刷压力；检查机旁控制屏元件和仪表安装是否紧固，更换损坏的熔断器；更换动作不灵活、接触不良的机旁控制屏的各种开关。

1.11 电工岗位管理标准

管理标准：

电工岗位管理标准如表1.11所示。

表1.11 电工岗位管理标准

序号	项目	管理标准
1	岗位定义	从事电气安装、试验、检修、运行等作业的技术工人。
2	岗位职责	(1) 负责工程电气控制、动力、照明等设施的安全运行，保养、维修等工作。 (2) 配合机工做好柴油发电机组运行和供配电工作。 (3) 提出电气设备养护、修理及更新改造计划。 (4) 负责健全电气设备警示标志及各种图表。 (5) 对电气设备进行日常巡查，做好巡查记录。及时发现并消除设备缺陷，确保电气设备安全运行。 (6) 组织开展电气预防性试验及防雷系统检测工作。 (7) 做好电气设备维护工作，提高设备完好率。

（续表）

序号	项目	管理标准
3	岗位标准	(1) 保护、管理好本岗位使用工具、仪器仪表和防护用具，并做到节约使用材料、配件。 (2) 认真执行电气作业操作票、工作票制度。 (3) 保证电气设备正常运行。
4	专业知识	(1) 熟悉电气设备性能、控制原理、线路走向。 (2) 掌握常用检查仪表和维修工具操作。
5	其他要求	(1) 注重学习业务知识，积极参加业务培训、工勤人员技术等级考核。 (2) 完成领导、技术负责人交办的临时性工作任务。

考核要点：

1. 积极主动学习专业知识，取得相应岗位证书。

2. 按时完成所管设备的维护保养、日常检修以及更新改造等工作并保证符合相关质量要求。

3. 熟悉主要设备结构及电气原理，掌握所管各类设备的修理技能，具备设备修理的能力。

重点释义：

1. 电工主要工作

(1) 安全措施

① 熟练掌握本工种岗位安全技术操作规程，作业人员获得电工进网作业许可证后方可独立进行作业。

② 按规定必须穿戴绝缘防护用品，所有绝缘、检验工具及仪表应妥善保管并定期检查、校验。

③ 工作前必须检查工具、仪表、配件是否良好，并要合理使用工具。

④ 停电作业时，必须先用验电器检查是否有电，方可进行工作，凡是安装设备或修理设备完毕时，在送电前进行严格检查，方可送电。

⑤ 检修电气设备时，必须切断电源，悬挂"有人作业 禁止合闸"警告牌。

⑥ 严格按照操作票、工作票进行作业，做到不违章作业，不冒险作业，不蛮干、盲干，不违反操作规程，要严谨细致地工作。严格遵守安全规章制度，有权抵制违章指挥和违章作业，防止各类事故的发生。

（2）日常检修

① 做好高、低压变配电系统继电保护装置维护，保证正常运行；检查接地装置是否符合要求；电力电缆、供电线路完好；做好现场电气设备和电气元器件的巡检、维护、保养、检查、更换工作，保证机电设备正常运行。

② 做好电气设备的日常巡回检查和安全隐患排查工作，检查电气设备的温度、声音、电流、电压是否符合要求，有无异常现象，加强重要电气设备运行参数的监控、检查、记录，对排查出的安全隐患及时进行处理、汇报，保障电气设备的安全稳定运行。

③ 按规定检查巡视，对易损易坏部分重点检查。发现问题要立即处理，处理不了的要向有关领导反映。及时、准确填写巡视检修记录。

（3）故障抢修

① 接到故障抢修电话及时赶到现场，按照应急预案和技术负责人安排进行抢修。

② 处理突发性各类电气设备故障，及时进行抢修处理，满足安全生产运行需要。

2. 水闸管理制度电工岗位责任制

（1）认真学习业务技术，不断提高业务技术水平。

（2）熟悉电气设备性能、控制原理、线路走向，正确使用常用检查仪表和维修工具。

（3）负责电气控制、动力、照明等设施的安全运行、保养、维修等工作。

（4）配合机工共同做好柴油发电机组的使用和维修工作。

（5）提出电气设备养护、修理及更新改造计划。

（6）健全电气设备警示标志及各种图表。

3. 法规要点

《电力安全工作规程　发电厂和变电站电气部分》（GB 26860—2011）规定：操作票是操作前填写操作内容和顺序的规范化票式，可包含编号、操作任务、操作顺序、操作时间，以及操作人或监护人签名等。操作票由操作人员填用，每张票填写一个操作任务。操作前应根据模拟图或接线图核对所填写的操作项目，并经审核签名。

1.12 水文勘测工岗位管理标准

管理标准：

水文勘测工岗位管理标准如表1.12所示。

表1.12 水文勘测工岗位管理标准

序号	项目	管理标准
1	岗位定义	利用水文勘测仪器和遥感、遥测等设备，勘察测量、记录整理各种水体的流量、水位、含沙量等水文要素资料，传递水文水资源信息的人员。
2	岗位职责	(1) 做好水文勘测作业、测验设施保养、遥测设备维护等常规工作。 (2) 掌握水文测验、水情报汛、资料整编等相关规范，确保记载、计算、审核校验的数据准确性符合有效位数的规定。 (3) 配合做好全站区逢五、逢零年份的长途水准测量。
3	岗位标准	(1) 每天按规定时间进行水文观测，并在规定时间内进行数据报送，及时填写水情报表，做好水情信息的收集工作。 (2) 及时做好水文资料的校核、整编工作；做好测验仪器的保管工作。
4	专业知识	(1) 熟悉水文站水文特性和工作要求，了解水文站所在工程的水情、工情。熟悉本站区的水情调度方案，熟练掌握水情报汛的基本流程。 (2) 熟练使用各测验设备，掌握多种方法开展流量测验，并判断测验结果是否满足精度需求。 (3) 熟练掌握水文水利计算方法，对计算结果开展分析等相关技术性研究。 (4) 具备三等水准测量能力。
5	其他要求	(1) 注重学习业务知识，积极参加业务培训、工勤人员技术等级考核。 (2) 完成领导、技术负责人交办的临时性工作任务。

考核要点：

1. 熟悉水情调度方案，掌握水情报汛流程。
2. 完成日常及年度水文测验、水情报汛、防汛调度等工作。
3. 熟练使用各测验设备，不违章违规操作。

重点释义：

1. 水文勘测工主要工作

(1) 水文测验工作

① 能熟练使用各测验设备，测流时佩戴必要救生器具，不违章违规操作。

② 具备安装水文观测设备的操作能力，能够利用备品备件替换或者修理水文观测设备。

③ 按规定完成水文测验、流量测验工作、降水测验工作及水文水准测量。

④ 水准点每5～10年校测一次，校测水准点每年汛前观测一次，若发现水准点有变化时，随时发现随时校测。

⑤ 按要求填写测验数据，并判断测验结果是否满足精度需求。确保记载、计算、审核校验的数据准确性符合有效位数的规定。

(2) 水情报汛工作

① 熟悉本站区的水情调度方案，熟练掌握水情报汛的基本流程。

② 根据水位流量关系曲线利用水工建筑物法推算本站区的实时流量，具备开展水情报汛的业务能力。

(3) 水文设备管理

① 水准仪、流速仪、ADCP等仪器摆放整齐，做好日常养护。

② 流速仪在使用过程中按规定进行比测、鉴定，每次使用后必须清洗擦油保养，并做登记妥善存放，建立流速仪档案。

③ 遥测设备、雨量计承雨器要进行不定期清洗，保持清洁；水位计码盘读数与水尺牌读数误差大于等于2 cm时，要及时调整。

④ 太阳能面板保持整洁，无遮挡，每日检查、测试太阳能及蓄电瓶电源电压并做好记录。

⑤ 做好缆道测流系统的日常检查维护保养工作，保证缆道测流支承系统、驱动系统、信号系统以及其他仪器仪表始终处于完好的工作状态。

2. 水闸管理制度水文勘测工岗位责任制

(1) 熟悉本站水文特性和工作要求，了解本站所在工程的水情、工情，认真做好本站水文各项测报工作。

(2) 能熟练使用各测验设备，测流时佩戴必要救生器具，不违章违规操作。

(3) 具备安装水文观测设备的操作能力，能够利用备品备件替换或者修理水文观测设备。

(4) 具有观测、计算、审核、检验观测数据的能力，并完成数据的合理修正、插补。

(5) 了解遥测系统的模块功能，掌握基本模块的功效和工作状态及注意事项，做好遥测系统的检查、维护，记录台账完整。

(6) 掌握多种方法开展流量测验，并判断测验结果是否满足精度需求。

(7) 掌握水文测验、水情报汛、资料整编等相关规范，确保记载、计算、审核校验的数据准确性符合有效位数的规定。

3. 法规要点

江苏省《水闸工程管理规程》(DB32/T 3259—2017)规定：承担水文测报任务的单位应及时发送水情信息，根据水文测站任务书的要求，依照现行水文规范开展水文观测、报汛和水文资料整编工作。未承担水文测报任务的管理单位，根据工程管理和防汛抗旱的要求，开展水文工作，妥善保护水文、通信、观测设施，防止人为毁坏。

1.13 水政员岗位管理标准

管理标准：

水政员岗位管理标准如表 1.13 所示。

表 1.13 水政员岗位管理标准

序号	项目	管理标准
1	岗位定义	实施水政监察的执法人员。
2	岗位职责	(1) 负责管辖范围内水事活动的监督巡查工作，按时保质保量地完成水政监督巡查任务，及时发现和制止各类破坏工程及违章行为。 (2) 负责水政和水资源的日常管理工作，每月底总结上报本月的水政工作情况。 (3) 负责编制水政监察年度计划。 (4) 做好对所管辖范围内的涉水活动的监督检查，有效地预防违反水法律、法规的行为，做好水事案件调查取证。 (5) 开展水法规宣传活动。
3	岗位标准	(1) 按规定着装和携带相关执法证件，遵守行政执法规范。 (2) 做好法规宣传，积极参加业务培训。 (3) 做好水政监察资料的收集和管理。
4	专业知识	(1) 学习掌握《水法》《河道管理条例》《江苏省水利工程管理条例》等有关法律法规。 (2) 掌握水利工程及其管理的基础理论知识。
5	其他要求	(1) 水政监察人员执行公务时，应按规定着水政监察制服，持中华人民共和国水政监察证。 (2) 完成领导交办的临时性工作任务。

考核要点：

1. 认真做好水行政执法巡查工作。
2. 及时发现或制止水事违法行为。
3. 有效开展法律法规宣传教育活动。

重点释义：

1. 水政员主要工作

（1）水政监察工作

① 每周对上下游管理范围进行一次水政巡查，翔实记录并完善水政相关台账。

② 做好对管理范围及界桩的日常巡查和维护工作。

③ 做好所辖范围内保水护水的巡视检查，禁止在水闸管理范围内倾倒垃圾或排放有毒有害污染物等危害水质安全的活动发生。每天巡视一次，认真填写巡视检查记录。

④ 巡视检查中若发现水事违法行为，依法采取措施予以制止并进行调查取证。

（2）法律法规学习及宣传工作

① 每年对水法律、法规知识以传单、标语等形式对各个沿线村庄进行宣传，使每个村民都在学习和宣传中建立保水护水、节约用水的意识，并做好宣传活动记录。

② 积极参加法律、法规的业务培训工作，逐步提高自身素质和业务水平。

（3）水事案件的调查

① 进行现场检查勘测和取证，做好现场保护。

② 要求被调查人或组织提供有关情况材料，并妥善保管。

（4）水政档案管理

① 使用统一的执法文书，专人负责建立执法统计台账，每季度按时上报执法情况，及时编报年度执法统计数据。做好执法档案管理工作，做到专人管理、一案一卷、规范有序。

② 配合领导做好考核工作，考核档案资料完整齐全，无丢失、损坏现象。

2. 水闸管理制度水政员岗位责任制

（1）坚定地执行党的路线、方针、政策，遵纪守法。

（2）熟悉有关法律、法规，准确应用水法律、法规和规章。

（3）积极参加各级举办的水政监察业务培训，不断提高水行政执法水平。

（4）在水行政执法活动中坚持以事实为依据、以法律为准绳的办案原则，秉公执法，不徇私情。

(5) 严格按照执法程序办案，对现场调查和询问笔录应详细、真实，不得伪造、篡改各种证据及相关材料，办案情况和处理结果应及时向领导汇报。

(6) 清正廉洁，不准以权谋私，不得参加影响公正办案的宴请和收受礼物。

(7) 认真填报水行政执法巡查报表，做到不迟到、不漏报。

(8) 积极参与管理范围内水事的日常管理，依法征收行政性规费。

(9) 对水事违法案件的处罚决定，个人不得私自变更，并坚决执行。

(10) 执行公务时应主动出示证件，注意仪表，文明执法。

3. 法规要点

《水政监察工作章程》规定：县级以上人民政府水行政主管部门、水利部所属的流域管理机构或者法律法规授权的其他组织应当组建水政监察队伍，配备水政监察人员，建立水政监察制度，依法实施水政监察。

水政监察人员上岗前应按规定经过资格培训，并考核合格。水政监察人员上岗前的资格培训和考核工作由流域机构或者省、自治区、直辖市水行政主管部门统一负责。

水政监察人员执行公务时，应按规定着水政监察制服，持"中华人民共和国水政监察证"或"中国水土保持监督检查证"，佩戴"中国水政"或"中国水保监督"胸章和"中华人民共和国水政监察"或"中国水保监督"臂章。

水政监察人员每年应当接受法律知识培训。水行政执法机关应当制定长期培训规划和年度培训计划，不断提高水政监察人员的执法水平。

1.14 总账会计岗位管理标准

管理标准：

总账会计岗位管理标准如表 1.14 所示。

表 1.14 总账会计岗位管理标准

序号	项目	管理标准
1	岗位定义	负责单位全部账务统筹、出报表等工作的会计人员。

（续表）

序号	项目	管理标准
2	岗位职责	（1）负责审核出纳现金及银行存款余额是否账实相符。 （2）负责现金收支单据的审查。审查单据是否符合相关规定，项目是否填写齐全，数字计算是否正确，大小金额是否相符，有关签名和盖章是否齐全等。 （3）负责复核仓库实物账务的准确性以及存货盘点表的准确性，保证账实相符，保证仓库实物账与总账、明细账数据、金额相一致。 （4）负责定期对已审核的原始凭证进行会计凭证处理，经审核无误后，与会计电算化的记账凭证相核对。填制记账凭证应做到数字真实、内容完整、账物相符。 （5）负责各项支出的核算，认真审核相关费用单据。将开支异常情况及时汇报给单位负责人或上级主管部门，促使各部门杜绝浪费，自觉节约。 （6）负责单位往来债权债务账目的定期检查，包括内部往来账务的检查核对，按时与往来应付、应收会计核对明细账目，发现呆账及账实不符情况，及时上报单位负责人或上级主管部门。 （7）负责单位日常财务核算，负责单位各项固定资产的登记、核对，按规定计提折旧，建立固定资产台账，并组织对固定资产清理工作。 （8）负责编制和登记各类明细账、总账并定期结账。 （9）负责编制会计报表以及编制报表明细表，并进行财务报告分析。应在每月底提交本月份的相关报表给单位负责人和上级主管部门。 （10）负责整理会计资料。对会计资料及有关经济资料，应按月进行整理、装订，做到单据完整，凭证整洁、美观、易查。 （11）负责票据登记、领用等工作。 （12）负责合同管理、归档等工作。 （13）负责税务、经营等相关证件年检工作。
3	岗位标准	（1）审核记账凭证，据实登记各类明细账，并根据审核无误的记账凭证汇总、登记总账。编制会计报表并作财务分析。 （2）编制财务收支计划和有关定额，参与制定财务制度。 （3）认真做好专项经费使用和编报工作。
4	专业知识	（1）掌握会计准则、单位会计制度、税法、经济法等专业知识。 （2）掌握财务软件，熟悉总账管理、库存管理、往来款管理、报表和固定资产管理等各个模块的具体操作。
5	其他要求	（1）搞好自身业务学习并指导督促其他会计人员的学习，掌握一定的财税知识，以更好地适应业务工作的需要。指导及安排现金会计日常工作。 （2）完成单位负责人或上级主管部门安排的其他工作。

考核要点：

1. 账务制作、凭证处理及时准确。

2. 相关报表出具及时准确。

3. 单位往来债权债务账目核对准确。

重点释义：

1. 总账会计主要工作

(1) 设置单位会计账簿

① 各种会计账簿设置合理、准确。

② 按照上级主管部门及财务制度规定使用会计科目，做到合理、准确。

(2) 审核记账凭证

① 记账凭证审核及时、准确无误。

② 错误的记账凭证及时修改完毕。

(3) 编制财务报表和预算、决算报表

① 填制财务报表及时、准确，打印正确。

② 按时将报表报送主管领导及上级主管部门审核、签字。

③ 下年度财务预算报表编制及时、准确。

④ 各种报表编制准确无误、报送及时、归档及时、资料完善、摆放有序。

(4) 登记总账、核对财务

① 结账及时、准确、无误。

② 资本金、流动资金、水利专项拨款及其他资金要有相应的计划和控制制度；指导、督促固定资金、流动资产、专项资产及其他资产的使用、保养、管理。

③ 现金、银行存款余额，做到账表、账证、账实相符。

(5) 会计资料立卷、归档

① 凭证装订整齐、存放有序。

② 立卷归档及时，做到资料完善、摆放有序。

③ 会计资料的立卷归档要及时完整，登记准确，摆放有序。

2. 水闸管理制度总账会计岗位责任制

(1) 根据财政部颁发的水利工程管理单位会计制度设置总账和明细账，按《会计人员工作规范》和规定记账方式的要求，记账、结账做到账账相符、账据相符、账物相符。

(2) 编制会计报表并作财务分析。

(3) 管理会计人员档案和有关单据、票证文件、有关印章。

(4) 负责各项资金管理，做好成本核算。

(5) 编制财务收支计划和有关定额,参与制定财务制度。

(6) 负责往来款项的清理,负责各项上缴任务。

(7) 认真做好专项经费使用和编报工作。

(8) 负责向单位领导提供财会信息,参与经营决策。

(9) 宣传、落实有关财经纪律、财务制度。

(10) 认真搞好政治学习和业务学习。

3. 安全生产责任制会计岗位责任制

(1) 认真执行各项财务管理制度,遵守财经纪律,做好会计核算工作。

(2) 负责未归档财务资料的保管,做好防火、防蛀、防盗、防丢失工作。

(3) 负责会计电算化系统管理、软硬件维护,确保操作系统正常运转。

(4) 把安全费用管理纳入经济分析范围,为领导提供安全生产方面的各项财务资料。

(5) 做好会计报表等工作,确保会计资料的完整和安全。

(6) 确保资金、印鉴、票据保管安全,确保解押款安全。

(7) 妥善保管、规范使用各项税务资料,严格借用手续;确保各项涉税数据的准确性、及时性,保证数据的安全性。

4. 法规要点

《会计基础工作规范》规定:各单位应当根据会计业务的需要设置会计机构。不具备单独设置会计机构条件的,应当在有关机构中配备专职会计人员。行政事业单位会计机构的设置和会计人员的配备,应当符合国家统一行政事业单位会计制度的规定。

未取得会计证的人员,不得从事会计工作。会计工作岗位,可以一人一岗、一人多岗或者一岗多人。但出纳人员不得兼管稽核、会计档案保管和收入、费用、债权债务账目的登记工作。会计人员的工作岗位应当有计划地进行轮换。

会计人员应当具备必要的专业知识和专业技能,熟悉国家有关法律、法规、规章和国家统一会计制度,遵守职业道德。会计人员应当按照国家有关规定参加会计业务的培训。各单位应当合理安排会计人员的培训,保证会计人员每年有一定时间用于学习和参加培训。

1.15 现金会计岗位管理标准

管理标准:

现金会计岗位管理标准如表 1.15 所示。

表 1.15 现金会计岗位管理标准

序号	项目	管理标准
1	岗位定义	办理本单位的现金收付、银行结算及有关账务,保管库存现金、有价证券、财务印章及有关票据等的会计人员。
2	岗位职责	(1) 负责本单位现金出纳,按照现金使用范围进行现金收支管理,做好现金账目的记录与审核。 (2) 负责保护财务收支完整、真实的原始记录。 (3) 负责材料账目管理工作,账目清楚,报表及时、准确。负责会计凭证及各种会计报表的整理、装订及保管。 (4) 负责会计室、会计档案、保险柜、现金等安全工作。
3	岗位标准	(1) 按现行的会计制度,编制会计报表(含预决算表),做到数字真实、准确,内容完整,说明清楚,报送及时,并负责填制与会计有关的各种报表。 (2) 经常向领导及有关部门汇报经费收支情况及预测工作。
4	专业知识	(1) 掌握《会计法》及各种会计制度、现金管理制度及银行结算制度。 (2) 掌握记账软件使用方法。
5	其他要求	(1) 搞好自身业务学习,掌握一定的财税知识,以更好地适应业务工作的需要。 (2) 完成单位负责人或上级主管部门安排的其他工作。

考核要点:

1. 票据审核认真仔细,严格执行报销制度。

2. 健全现金账目,逐笔登记现金收入和支出,做到账目日清日结,账款相符。

3. 做好银行开户销户、交税、存取现金等业务工作。

重点释义:

1. 现金会计主要工作

(1) 货币资金的支付、原始票据的审核报销

① 严格按照国家有关现金管理的规定,根据审批后的收付款凭证,进行复核办理款项收付,做到领款人先签名后付款,对不符合规定的业务,拒绝支付现金。对重大的开支项目,必须经过总账会计审核,方可支付,收付款后要在收付款凭证上签章,并加盖“收讫”“付讫”戳记。

② 及时备款,按时发放职工各种款项,库存不得超过银行核定的限额,超过部分要及时存入银行,不得以白条抵充库存现象,更不能有任意挪用现象。

③ 每次报销票据前审核票据要认真仔细、严格执行报销制度。

(2) 编制会计凭证

① 会计凭证编制及时、正确。

② 编制的会计凭证及时打印、整理，凭证大小不得大于凭证的封面。

(3) 登记现金、银行存款日记账

① 登记现金、银行存款日记账要认真仔细，数据正确。

② 根据已经办理完毕的收付款凭证，按顺序将会计业务录入会计电算化系统，当日的收支款项当日必须入账，并结出余额，每日终了，现金的账面余额要同实际库存现金核对相符，如有差错，要及时查询处理。

③ 出纳人员不得兼管收入、费用、债权、债务账簿工作和会计档案保管工作。

(4) 保管库存现金及各种票据

对于现金和各种有价证券，要确保其安全和完整无缺，如有短缺，要负赔偿责任。要保守保险柜密码，保管好钥匙，不得任意转交他人。

(5) 保管有关印章、空白票据

① 出纳人员所管的印章必须妥善保管，严格按照规定用途使用。

② 对于空白票据必须严格管理，专设登记簿登记，认真办理领用注销手续。

2. 水闸管理制度现金会计岗位责任制

(1) 办理现金收付和银行结算业务。

(2) 负责登记现金和银行日记账。

(3) 保管库存现金和有价证券。

(4) 保管有关印章、空白收据、空白支票和有关文件。

(5) 认真学习业务知识和相关知识，积极提高思想水平和业务水平，增加法治观念，使本职工作搞得更好。

3. 法规要点

《现金管理暂行条例》规定，开户单位可以在下列范围内使用现金：① 职工工资、津贴；② 个人劳务报酬；③ 根据国家规定颁发给个人的科学技术、文化艺术、体育等各种奖金；④ 各种劳保、福利费用以及国家规定的对个人的其他支出；⑤ 向个人收购农副产品和其他物资的价款；⑥ 出差人员必须随身携带的差旅费；⑦ 结算起点以下的零星支出；⑧ 中国人民银行确定需要支付现金的其他支出。前款结算起点定为 1000 元。结算起点的调整，由中国人民银行确定，报国务院备案。

开户银行应当根据实际需要，核定开户单位 3 天至 5 天的日常零星开支所需的库存现金限额。边远地区和交通不便地区的开户单位的库存现金限额，可以多于 5 天，但不得超过 15 天的日常零星开支。

开户单位应当建立健全现金账目，逐笔记载现金支付。账目应当日清月结，账款相符。

1.16 仓库管理员岗位管理标准

管理标准：

仓库管理员岗位管理标准如表 1.16 所示。

表 1.16 仓库管理员岗位管理标准

序号	项目	管理标准
1	岗位定义	对仓库物品进行管理、发挥好仓库功能的工作人员。
2	岗位职责	(1) 负责物资的储备，及时上报消耗和购进等情况。 (2) 负责办理物资调拨、转让、报损、报废等工作。 (3) 负责仓库管理工作，建立物资台账，对库存物资器材日清月盘，做到账、物、卡相符。 (4) 负责仓库安全管理工作，保持库房整洁，物资器材分类准确，存放有序。 (5) 做好物资台账建立工作，详细记录每笔消耗和购进等情况并及时上报。 (6) 做好工具发放与回收工作，并做好记录。
3	岗位标准	(1) 仓库库房整洁，存放有序。 (2) 物资台账规范，账、物、卡相符等。
4	专业知识	熟悉掌握仓库物品的保管保养方法。
5	其他要求	完成单位负责人或技术负责人安排的其他工作。

考核要点：

1. 做好对物资的质量、数量核对登记和验收工作。

2. 做好物资登记工作，确保仓库物资账实相符。

3. 保证仓库整洁，物资存放有序。

重点释义：

1. 仓库保管员主要工作

(1) 仓库物资验收

① 确认供应商，核对供应商送货清单的型号、数量、品名是否与物料申购单一致，发现不一致的要在第一时间和采购人员进行核对，并查明原因，待确认一

致后方可收货。

② 对来料数量较大的按大件全点、小件35%的比例进行数量核查并做好抽查标识，对于来料较贵重的要做到数量全部清点准确，对有差异情况及时上报并做好记录。

③ 所有来货来料必须在数量清点完成后，供收双方共同确认的情况下签单收货，数量异常时要签实收数量并要求送货人签名确认后方可收货。

④ 数量验收完成后，应第一时间将送货单交送于财务与相关部门进行材料检验。

⑤ 对检验结果进行跟踪跟进，待检验完成后，相关人员在送货单上签字确认后方可入仓。

⑥ 对检验不合格的必须跟进处理结果，如需退货马上由相关部门出具退货单，通知采购退货情况，并跟进退货时间至退回。

(2) 仓库物资摆放

① 检验合格后安排物料及时按相应位置及物料特性选择合理的摆放方式摆放整齐。

② 对入仓物料第一时间做好标识卡和记录，标识卡要注明品名、料号、来货时间及供应商和实际入仓数量。物料标识卡必须置于物料正面最易看到的位置，做到数据易读取。

(3) 仓库物资保管

① 所有物料入仓后必须按仓位、区域、包装方式将物料摆放整齐，挂好物料标识卡。

② 物料发放后须进行整仓、归位整理、建卡。

③ 所有物料必须做到安全维护和保管。

④ 对于在仓库存放半年以上的呆滞物料应每月及时统计，上报处理。

⑤ 仓库内必须保持通风，做好防火、防盗、防潮。

⑥ 仓库人员于下班离开前应确保仓库的安全。

(4) 仓库物资发放

① 认真核对物料发放指令与材料领用单是否一致，如有不相符应及时反馈至相关人员，确认后方可发料。

② 发料时必须由物料员及仓管员双方对数量确认无误，共同在材料领用单上签字确认。

③ 发料时必须按先进先出的原则发放物料。

(5) 明细账的登记

① 准确及时登记账簿，按时进行合计、累计。

② 及时准确地登记明细账，不漏登记、不多登记。

(6) 仓库安全保卫

① 库房门窗安全可靠,及时检查。

② 定期对库房进行安全检查,发现安全隐患,及时向领导汇报,制定整改措施。

2. 水闸管理制度仓库保管员岗位责任制

(1) 认真学习《会计法》和国家财政、财务制度,以及仓库保管制度,掌握有关材料的保管保养技术。

(2) 严格办理材料验收入库手续,若发现有质量低劣或已损坏不合格的次品应拒绝入库,验收完毕的材料须写上收料单位,并及时送交材料会计记账。当日购进的材料须当日入库,无特殊情况不得拖延,对急用材料可以不进库内,但需由保管员到用料现场与有关部门负责人共同验收后方可使用,并填写收料单。

(3) 合理堆放材料,便于收发保管。对剧毒、易燃、易爆的危险品验收应小心谨慎,验收后及时搬运至指定库房,不得与其他物品混杂存放,物与物之间应留有一定的间隔。

(4) 仓库应经常进行清扫和检查,保证库内清洁干燥,常开门窗以便空气畅通,发现有霉烂、锈蚀、蛀虫的材料应及时采取措施。

(5) 仓库保管员在发料时应依据领料单位或拨款单位进行发料,其他凭证一律不准代替,杜绝借料或"先支后补领料单"现象,发现有涂改或不清的领料单不予发料。

(6) 发料时要由双方共同过磅、检尺、点数,检查品名、规格、质量,如有不符合,应当场纠正,避免日后责任不清。

(7) 仓库发料应遵循"先进先出"原则,尽力加速材料的周转,缩短库存期,对有些材料,在临近有效期时应积极向有关部门建议领用,并报请财务部门处理。

(8) 建立退料制度。仓库保管员应积极主动配合有关部门做好余料、废料及边角料的回收工作,并通过信息了解生产现场用料情况以保证材料不断,满足生产需求,对机械、机电产品以及它们的配件领用必须以旧换新。否则不得发出,对回收的废料应单独存放于废品库,不得擅自处理。

(9) 定期或不定期地对材料轮番盘点,年终要全面清查,对每次的结果都要做好记录,并分析盘盈、盘亏、报废材料的原因予以处理,保证账物相符。

(10) 做好日常材料的记账工作,经常与材料会计互通材料、储备情况,防止缺货或积压,拟定材料采购计划。

1.17 驾驶员岗位管理标准

管理标准：

驾驶员岗位管理标准如表 1.17 所示。

表 1.17 驾驶员岗位管理标准

序号	项目	管理标准
1	岗位定义	负责对单位公车进行驾驶、保养等操作的工作人员。
2	岗位职责	(1) 自觉遵守单位各项规章制度，服从调配，定期检查汇报车辆的运行情况，保证车辆在安全的状态下行驶，并记录车辆的行驶路线及行程。 (2) 不违章行车，不私自用车，不酒后开车，不开赌气车。 (3) 上班不出车期间，必须按单位作息时间准时上班，服从办公室的统一调度。 (4) 车辆维修、保养费用必须预先申请，经批准后，到指定维修厂维修，保持良好的车况及车辆的清洁。 (5) 严守秘密，不得随意传播领导的讲话内容。
3	岗位标准	(1) 保持车辆整洁，保持车内、车外和引擎的清洁。爱惜单位车辆，平时要注重车辆的保养，经常检查车辆的主要机件，确保车辆正常行驶。 (2) 用车前，做好出车准备，确认路线和目的地，选择最佳的行车路线；收车后，做好相关工作。爱护车辆，注意节约，及时保养，卫生清洁。 (3) 出车在外或出车归来停放车辆，要注重选取停放地点和位置，不能在不准停车的路段或危险地段停车。驾驶员离开车辆时，要锁好车门，防止车辆被盗。 (4) 驾驶员对自己所开车辆的各种证件的有效性应经常检查，出车时保证证件齐全。
4	专业知识	(1) 掌握车辆行驶特性，熟悉自己的车辆性能。 (2) 掌握道路交通法规。 (3) 熟悉车辆日常保养方法。
5	其他要求	完成单位负责人安排的其他工作。

考核要点：

1. 安全行车无事故。
2. 工作细心，保持车辆清洁，做好车辆养护。
3. 能够预判并及时应对突发情况，驾驶技能娴熟稳妥。

重点释义：

1. 驾驶员主要工作

(1) 职业道德

① 保守秘密，不随意传播乘车人员谈论的工作及他人私人信息。

② 临时安排出车，能按时按要求提供优质服务。

③ 用车过程中尊重用车人员。

④ 不公车私用。

(2) 安全意识

① 按规定时速驾驶，自觉系安全带，加减速平稳，不抢黄灯，文明驾驶，无违章记录。

② 车辆停放后做好安全保管措施。

③ 出车前、后检查车况并保管好车辆有关证件。

④ 不疲劳驾驶。

(3) 工作质量

① 服从管理，每次用车前提前准备好车辆。

② 工作积极主动，能分清轻重缓急，遇到问题及时解决处理。

③ 每天保持车内清洁。

④ 合理安排行车路线，不因路线安排失误而浪费时间。

⑤ 完成出车任务后，将车辆停放在规定位置。

(4) 维修保养

① 所负责车辆灯光安全无故障。

② 确保车辆制动效果良好。

③ 确保冷却液、机油、刹车油、电瓶、雨刮器清洁液充足。

④ 确保轮胎气压正常，无破损。

⑤ 车辆维修请示及时，不私自修车。

⑥ 按规定做好定期保养和日常维护工作。

2. 水闸管理制度驾驶员岗位责任制

(1) 保持良好的职业道德和热诚的服务态度。

(2) 自觉遵守各项规章制度，服从调配，定期汇报车辆的运行情况，保证车辆在安全的状态下行驶，并记录车辆的行驶路线及行程。

(3) 自觉做到不违章行车，不私自用车，不酒后开车，不开赌气车。

(4) 上班不出车期间，必须按单位作息时间准时上班，服从统一调度。

(5) 车辆维修、保养费用必须预先申请，经批准后，到指定维修厂维修，保持良好的车状及车辆的清洁。

(6) 负责车辆各种税费的缴纳、车辆季审和年审以及车辆变更业务的办理。

(7) 执行上级安排的其他工作任务。

3. 安全生产责任制驾驶员岗位责任制

(1) 驾驶员必须持有效驾驶证、行驶证后方能驾驶，严禁无证和非驾驶人员开车，不准驾驶与证件不符的车辆。

(2) 车辆在行驶中，必须严格遵守交通规则和操作规程，听从交警和交通管理人员的指挥，服从公安交通部门的年检和临时抽查，做到证照齐全。

(3) 行车前应检查车况是否良好，转向制动、变速等装置是否灵敏可靠，机件失灵或未经检查的病车不准行驶。

(4) 车辆出行必须经批准后携审批单按规定路线行驶，乘车人数不准超过限制人数。

(5) 驾驶员在行驶中，精力必须集中，谨慎驾驶，不得在行驶中打接电话、闲谈、饮食和吸烟，不得带病开车，严禁酒后开车，不准超速行驶和强行超车，做到礼貌行车，严禁开"英雄车""霸王车"，对紧急情况，要迅速正确处理。

(6) 做好车辆维修保养，使车辆经常保持良好的工作状态，保管好随车工具。

4. 法规要点

(1)《中华人民共和国道路交通安全法》规定：驾驶人应当按照驾驶证载明的准驾车型驾驶机动车；驾驶机动车时，应当随身携带机动车驾驶证。公安机关交通管理部门以外的任何单位或者个人，不得收缴、扣留机动车驾驶证。

(2)《中华人民共和国道路交通安全法实施条例》规定：机动车驾驶人在机动车驾驶证的 6 年有效期内，每个记分周期均未达到 12 分的，换发 10 年有效期的机动车驾驶证；在机动车驾驶证的 10 年有效期内，每个记分周期均未达到 12 分的，换发长期有效的机动车驾驶证。

2 区域管理标准

2.1 工程区管理标准

管理标准：

工程区管理标准如表 2.1 所示。

表 2.1 工程区管理标准

序号	项目	管理标准
1	一般定义	工程区是指水闸及其周边与工程有关的区域，也可称为核心工程区，其范围一般包括：水工建筑物本身、机电设备及其辅助设备、启闭机房及配电房、柴油发电机房等房屋建筑。
2	一般规定	(1) 启闭机房、配电房、柴油发电机房等应将有关规章制度上墙明示。 (2) 工程区应设立安全警示、水法规宣传、提示指引等标识标牌。 (3) 进入工程区的主入口一般应装设“核心工程区”标牌以及“工程简介”“管理通则”“管理范围图”“安全风险告知牌”等标牌。 (4) 工程区安全标识标记应齐全完整，运转机械设备及电气设备周围应设置安全警戒线，易燃、易爆、有毒物品的运输、贮存、使用按有关规定执行。 (5) 工程区建筑物屋顶及墙体无渗漏、无裂缝、无破损；外表干净整洁，无蜘蛛网、积尘及污渍。 (6) 工程区地面平整，地面铺装等无破损、空鼓、裂缝及油污等。 (7) 工程区门窗应完好，开、关灵活，玻璃洁净完好，符合采光及通风要求。 (8) 工程区照明灯具应安装牢固、布置合理、照度适中，巡视检查重点部位应无阴暗区，各类开关、插座面板齐全、清洁，使用可靠。 (9) 工程区防雷接地装置无破损、无锈蚀，连接可靠。 (10) 工程区落水管无破损、无堵塞，排水通畅、固定可靠。 (11) 工程区的特种作业必须是按照国家有关规定经专门的安全作业培训，取得相应资格的特种作业人员操作。
3	卫生保洁	(1) 工程区应保持整洁，一般每月大扫除一次；启闭机房内一般每日巡视保洁一次，每周小扫除一次，每月大扫除一次。 (2) 工程区应做到无杂物乱堆乱放、无流动商贩、无小广告、无垃圾。

（续表）

序号	项目	管理标准
4	安全事项	(1) 上下游引河左右岸均应设置醒目的"禁止游泳、泊船、捕鱼"标牌。 (2) 交通桥、公路桥两端应设立限速、限载标志。 (3) 启闭机房及配电房、柴油发电机房等重要位置应按相关规范要求配备灭火器等消防设施，启闭机房应设置"消防设施位置图"，应按有关要求设置疏散指示等标志。
5	注意事项	(1) 非本工程管理人员不得擅自进入工程区；外来参观者，必须经批准和安全告知后，由专人带领参观。 (2) 工程区每日巡视检查一般要求两人以上。

考核要点：

1. 巡视频率、环境卫生是否符合要求。

2. 工程区有关规章制度、标识标牌等是否配备齐全。

3. 工程区建筑物是否完好无损、符合有关标准，是否管理到位。

重点释义：

1. 江苏省《水闸工程管理规程》(DB32/T 3259—2017)规定：

(1) 公路桥两端应设立限载、限速标志，如确需通过超载车辆，应报请上级主管部门和有关部门会同协商，并进行验算复核，采取一定防护措施后，方能缓慢通过；无铺垫的履带车、铁轮车不得直接通过桥面，如果确需过桥，应采用钢板或木板等铺垫后方可通过。

(2) 妥善保护机电设备、水文、通信、观测设施，防止人为毁坏。

(3) 非工作人员不得擅自进入工作桥、启闭机房等可能影响工程安全运行或影响人身安全的区域，入口处设置明显的标志。

(4) 控制室、启闭机房等房屋建筑地面、墙面应完好、整洁、美观，通风良好，无渗漏。管理区道路和对外交通道路应经常养护，保持通畅、整洁、完好。经常清理办公设施、生产设施、消防设施、生活及辅助设施等，办公区、生活区及工程管理范围内应整洁、卫生，绿化经常养护。

(5) 定期对工程标牌(包括界桩、界牌、安全警示牌、宣传牌等)进行检查维修或补充，确保标牌完好、醒目、美观。

(6) 工程主要部位的警示灯、照明灯、装饰灯应保持完好，主要道路两侧或过河、过闸的输电线路、通信线路及其他信号线，应排放整齐、穿管固定或埋入地下。

2.《江苏省水利工程管理考核办法(2017 年修订)》(苏水管〔2017〕26 号)规定:

建立、健全并不断完善各项管理规章制度,关键岗位制度明示,各项制度落实,执行效果好。管理范围内水土保持良好、绿化程度高,水生态环境良好;管理单位庭院整洁,环境优美;管理用房及配套设施完善,管理有序。

3.《江苏省水利工程运行管理督查办法(试行)》(苏水管〔2013〕68 号)规定:

对水闸管理单位运行管理工作的主要督查内容:水闸技术管理细则编制、报批、执行情况;经常检查、定期检查、特别检查开展情况;水工建筑物、闸门及启闭机、电气设备、自动化监控系统、通信设施等运行状况;电气预防性试验及仪器仪表检测情况;工程观测项目、频次及资料整编分析情况等;涉河建设项目监管情况;管理考核工作开展情况;运行管理资料档案管理情况。

4.《中华人民共和国安全生产法(2014 年修订)》规定:

(1) 生产经营单位必须遵守本法和其他有关安全生产的法律、法规,加强安全生产管理,建立、健全安全生产责任制和安全生产规章制度,改善安全生产条件,推进安全生产标准化建设,提高安全生产水平,确保安全生产。

(2) 生产经营单位的特种作业人员必须按照国家有关规定经专门的安全作业培训,取得相应资格后,方可上岗作业。

5. 安全警戒线一般为黄色,宽度 8 cm。

6. 对参观者的安全告知内容一般包括:

(1) 服从工作人员安排,并在工作人员的陪同下有序进入工作现场;进入生产区域请走指定的安全通道,严格服从工作人员管理,严禁在无人陪同的情况下在生产区域活动,严禁未经准许触摸任何设备。

(2) 参观过程中若有疑问请咨询陪同人员,严禁同现场作业人员交谈,主动避让作业人员及作业设备工具,以免影响作业人员正常作业。

(3) 进入生产作业现场请严格遵守各种安全标识的提示,若有疑问或不明之处请及时咨询陪同人员。

(4) 进入生产作业现场前应严格按照陪同人员要求佩戴安全防护用品,进入生产作业现场后严禁擅自解除安全防护用品,若确需解除需得到陪同人员同意并离开生产作业现场。

(5) 严禁酒后进入生产作业现场,严禁在生产作业现场大闹、嬉戏、追逐,禁止各种不文明行为,确保参观学习过程安静有序。

(6) 若遇突发紧急情况,保持镇静,并服从陪同人员的安排有序疏散至安全区域。

(7) 参观学习结束后,请将安全防护用品及时归还,确保安全防护用品无损毁、无遗漏。

(8) 参观学习过程中请相互监督、提醒、关照，做到安全、文明、有序地参观学习。

2.2 办公区管理标准

管理标准：

办公区管理标准如表 2.2 所示。

表 2.2 办公区管理标准

序号	项目	管理标准
1	一般定义	办公区是指水闸管理人员日常办公的场所，其范围一般包括：所有管理人员办公室、会议室、档案室、洗手间及其附属大厅、走廊等。
2	一般规定	(1) 所长室、工务室、财务室、档案室等应将有关规章制度上墙明示。 (2) 进入办公区域应有明显的指示标志，并设有应急逃生指示线路图、疏散指示和应急照明设施。 (3) 水闸管理人员上班时应着装整洁，佩戴工作证，禁止穿拖鞋、背心、短裤。 (4) 办公区一般应设有公告栏，通知公告应粘贴摆正。
3	卫生保洁	(1) 办公区应安排值班人员每日检查一次，每周小扫除一次，每月大扫除一次；办公区洗手间应保持干净、清洁，安排人员每日检查、打扫一次。 (2) 办公室内及办公桌上、文件柜内物品摆放整齐。 (3) 办公区应设有垃圾分类桶，做到无杂物乱堆乱放、无垃圾。
4	安全事项	(1) 办公区内应设有“严禁烟火”标志，按照规范配备符合要求的消防器材，并定期进行检查维护。 (2) 办公区内请勿将物品、物件摆放在行人过道中。
5	注意事项	办公区内严禁大声喧哗，交流工作要做到谈话语音适中，以免影响他人。

考核要点：

1. 办公区检查频率、环境卫生是否符合要求。
2. 办公区内各项规章制度、标识标牌、消防器材等是否配备齐全。
3. 工作人员是否着装整洁。

重点释义：

1. 江苏省《水闸工程管理规程》(DB32/T 3259—2017)规定：

经常清理办公设施、生产设施、消防设施、生活及辅助设施等，办公区、生活区及工程管理范围内应整洁、卫生，绿化经常养护。定期对工程标牌（包括界桩、界牌、安全警示牌、宣传牌等）进行检查维修或补充，确保标牌完好、醒目、美观。

2.《江苏省水利工程管理考核办法（2017 年修订）》（苏水管〔2017〕26 号）规定：

建立、健全并不断完善各项管理规章制度，关键岗位制度明示，各项制度落实，执行效果好。

3.《消防监督检查规定（2012 年修订）》规定：

单位应当保障疏散通道、安全出口畅通，并设置符合国家规定的消防安全疏散指示标志和应急照明设施，保持防火门、防火卷帘、消防安全疏散指示标志、应急照明、机械排烟送风、火灾事故广播等设施处于正常状态。

应急逃生指示线路应清晰、简洁、明确，并与表达的内容相一致，不应相互矛盾或重复；当正常照明电源中断时，应能在 5 s 内自动切换成应急照明电源。

4. 办公区灭火器一般每季度检查不少于一次，并在灭火器检查卡上记录。

2.3 生活区管理标准

管理标准：

生活区管理标准如表 2.3 所示。

表 2.3 生活区管理标准

序号	项目	管理标准
1	一般定义	生活区是指水闸运行管理人员日常生活的场所，包括职工宿舍、职工食堂、职工活动室等。
2	一般规定	（1）职工生活区应与工程区分开，在进入生活区入口一般应装设“生活区”标牌。 （2）生活区应设有职工宿舍、职工食堂、职工活动室、阅览室等，职工食堂、活动室、阅览室应将有关制度标牌上墙明示。 （3）职工应自觉维护生活区的公用设施，不使用违规电器，节约用电，节约用水，做到随手关灯，不开“长流水”。 （4）生活垃圾应置放在垃圾桶内，严禁乱扔、乱倒垃圾及剩饭菜。 （5）职工生活区内严禁乱停各种车辆，车辆需在停车位停放。 （6）生活区门窗应完好，开、关灵活，玻璃洁净完好，符合采光及通风要求。 （7）生活区防雷接地装置无破损、无锈蚀，连接可靠。 （8）生活区落水管无破损、无堵塞，排水通畅、固定可靠。

（续表）

序号	项目	管理标准
3	卫生保洁	(1) 生活区应安排值班人员定期进行环境保洁，做到每日检查一次，每周小扫除一次，每月大扫除一次。 (2) 生活区洗手间、食堂应定期进行消毒、打扫。 (3) 生活区应做到无杂物乱堆乱放、无垃圾。
4	安全事项	(1) 职工食堂厨房应设有燃气泄漏报警器。 (2) 职工宿舍严禁使用大功率电器。 (3) 生活区应按照相关规定要求在合适的位置配备灭火器，严禁随意挪用损坏灭火器材。
5	注意事项	职工应妥善保管自己的贵重物品，离开职工宿舍应关好门窗，关闭电器设备电源。

考核要点：

1. 生活区环境卫生是否符合要求。
2. 生活区有关规章制度、指示标牌、灭火器等是否配备齐全。
3. 生活区地面、门窗、照明、防雷接地、落水管等是否完好。
4. 生活区职工宿舍有无违规电器，电器设备电源是否及时关闭。

重点释义：

1. 江苏省《水闸工程管理规程》(DB32/T 3259—2017)规定：

经常清理办公设施、生产设施、消防设施、生活及辅助设施等，办公区、生活区及工程管理范围内应整洁、卫生，绿化经常养护。

2.《江苏省水利工程管理考核办法(2017 年修订)》(苏水管〔2017〕26 号)规定：

建立、健全并不断完善各项管理规章制度，关键岗位制度明示，各项制度落实，执行效果好。管理范围内水土保持良好、绿化程度高，水生态环境良好；管理单位庭院整洁，环境优美；管理用房及配套设施完善，管理有序。

3. 生活区灭火器一般每季度检查不少于一次，并在灭火器检查卡上记录。

4. 违规电器的范围：宿舍违规电器一般是指大功率电热设备，如电饭煲、"热得快"、取暖器、微波炉、电热毯、电热油汀等。

2.4 启闭机房管理标准

管理标准：

启闭机房管理标准如表2.4所示。

表2.4 启闭机房管理标准

序号	项目	管理标准
1	一般定义	启闭机房是安置和使用启闭机的房屋建筑物。
2	一般规定	(1) 启闭机房应将有关规章制度、操作规程、危险源风险告知及防范措施牌在合适的位置上墙明示。 (2) 启闭机房应随时保持清洁，无蜘蛛网及其他杂物，地面窗台无积水，机电设备无落尘，电缆沟无杂物。 (3) 水闸平、立、剖面图，电气主接线图，启闭机控制原理图，始流时闸下安全流量-水位关系曲线，流量-水位-开度关系曲线，主要设备检修情况揭示图及主要技术指标表等应齐全，并在合适位置明示。 (4) 启闭机、配电柜、电机等设备管理卡的样式应统一，记录完整、清晰、准确，在指定位置安放。 (5) 启闭机无积尘、无蜘蛛网、无油渍；开关柜前绝缘垫无破损，底面无灰尘。 (6) 启闭机房安全标识标记应齐全完整，运转机械设备及电气设备周围应设置安全警戒线或防护设施。 (7) 置于墙面、屋顶的监视摄像机等应保持完好、清洁。 (8) 启闭机房楼梯踏步无破损，防滑性能好，栏杆固定可靠，无破损。 (9) 启闭机房防雷接地装置无破损、无锈蚀，连接可靠。
3	卫生保洁	启闭机房内一般每日巡视保洁一次，每周小扫除一次，每月大扫除一次。
4	安全事项	(1) 启闭机房电气线路应经常检查，不得私自乱接。 (2) 启闭机房应按相关规范要求配备灭火器等消防设施，启闭机房应设置“消防设施位置图”。
5	注意事项	(1) 应按规定定期对消防用品、安全用具进行检查、检验，保证其齐全、完好、有效。 (2) 启闭机房每日巡视一般要求两人以上。

考核要点：

1. 巡视频率、环境与设备卫生是否符合要求。

2. 启闭机房有关规章制度、操作规程、标识标牌、主要技术图、设备管理卡、消防器材等是否配备齐全。

3. 启闭机房建筑物是否完好无损，是否管理到位。

重点释义：

1. 江苏省《水闸工程管理规程》(DB32/T 3259—2017)规定：

(1) 控制室、启闭机房等房屋建筑地面、墙面应完好、整洁、美观，通风良好，无渗漏。管理区道路和对外交通道路应经常养护，保持通畅、整洁、完好。经常清理办公设施、生产设施、消防设施、生活及辅助设施等，办公区、生活区及工程管理范围内应整洁、卫生，绿化经常养护。

(2) 工程主要部位的警示灯、照明灯、装饰灯应保持完好，主要道路两侧或过河、过闸的输电线路、通信线路及其他信号线，应排放整齐、穿管固定或埋入地下。

(3) 在机械传动部位、电气设备等危险场所或危险部位应设有安全警戒线或防护设施，安全标志应齐全、规范；易燃、易爆、有毒物品的运输、贮存、使用按有关规定执行。按照消防要求应配备灭火器具，应急出口应保持通畅。

(4) 应按规定定期对消防用品、安全用具进行检查、检验，保证其齐全、完好、有效。扶梯、栏杆、检修门槽盖板等应完好无损，安全可靠。助航标志、避雷设施及各类报警装置应定期检查维修，保持完好、可靠；输电线路应经常检查，不得私接乱接。

(5) 水闸平、立、剖面图，电气主接线图，启闭机控制图，始流时闸下安全流量-水位关系曲线，流量-水位-开度关系曲线，主要设备检修情况揭示图及主要技术指标表等应齐全，并在合适位置明示。

2.《江苏省水利工程管理考核办法(2017 年修订)》(苏水管〔2017〕26 号)规定：

(1) 建立、健全并不断完善各项管理规章制度，关键岗位制度明示，各项制度落实，执行效果好。管理范围内水土保持良好、绿化程度高，水生态环境良好；管理单位庭院整洁，环境优美；管理用房及配套设施完善，管理有序。

(2) 水闸平、立、剖面图，电气主接线图，启闭机控制图，主要设备检修情况表及主要工程技术指标表齐全，并在合适位置明示。

3.《江苏省水利工程运行管理督查办法(试行)》(苏水管〔2013〕68 号)规定：

对水闸管理单位运行管理工作的主要督查内容：水闸技术管理细则编制、报批、执行情况；经常检查、定期检查、特别检查开展情况；水工建筑物、闸门及启闭机、电气设备、自动化监控系统、通信设施等运行状况；电气预防性试验及仪器仪表检测情况；工程观测项目、频次及资料整编分析情况等；涉河建设项目监管情况;管理考核工作开展情况;运行管理资料档案管理情况。

4. 安全警戒线一般为黄色,宽度 8 cm。

5. 启闭机房灭火器一般每季度检查不少于一次,并在灭火器检查卡上记录。

6. 危险源风险告知及防范措施牌内容主要包括危险源地点、危险源等级、危险源管理责任人、危险因素、事故诱因、事故防范措施、要求等。

2.5 柴油机房管理标准

管理标准:

柴油机房管理标准如表 2.5 所示。

表 2.5 柴油机房管理标准

序号	项目	管理标准
1	一般定义	柴油机房是安置和使用柴油发电机的场所。
2	一般规定	(1) 柴油机房应指定专人管理,将有关规章制度、操作规程、危险源风险告知及防范措施牌在合适的位置上墙明示。 (2) 柴油机房应随时保持清洁,无蜘蛛网及其他杂物,地面窗台无积水,机电设备无落尘,电缆沟无杂物。 (3) 柴油发电机机身清洁,无落尘,无渗油,管线标识规范。 (4) 蓄电池应保存在干燥、洁净、通风良好,并能防止灰尘、雨雪侵入,能避免阳光直射与热源辐射的房间内。蓄电池充放电规范,有充放电记录。 (5) 各种可燃物品应储存在规定的地点,油量应符合要求,保持满足发电机带负荷运行 8 小时的用油量。 (6) 柴油发电机设备管理卡记录完整清晰,在指定位置安放。 (7) 柴油机房安全标识标记应齐全完整,运转机械设备及电气设备周围应设置安全警戒线。 (8) 柴油机房工具箱内备件齐全。 (9) 柴油发电机运行记录台账齐全完整。
3	卫生保洁	柴油机房一般每周小扫除一次,每月大扫除一次。
4	安全事项	(1) 柴油机房配电箱前应铺设绝缘垫。 (2) 柴油机房应设有“严禁烟火”和“小心触电”的标志。 (3) 柴油机房应按相关规范要求配备灭火器、消防沙箱等消防设施。
5	注意事项	柴油机房的柴油、机油、防冻液等的运输、储存、使用应按照有关规定执行。

考核要点：

1. 柴油机房环境与设备卫生是否符合要求。

2. 柴油机房有关规章制度、操作规程、标识标牌、设备管理卡、警戒线、消防器材等是否配备齐全。

3. 柴油机房建筑物是否完好无损，各种可燃物品是否按规定储存，是否管理到位。

4. 柴油发电机运行台账记录是否完整、规范。

重点释义：

1. 安全警戒线一般为黄色，宽度 8 cm。

2. 柴油机房灭火器一般每季度检查不少于一次，并在灭火器检查卡上记录。

3. 依据《危险化学品重大危险源辨识》(GB 18218—2009)和《危险化学品重大危险源监督管理暂行规定》(国家安全监管总局令第 40 号)重大危险源的辨识指标：单元内存在的危险化学品的数量等于或超过临界量，即被定为重大危险源，因此柴油机房的柴油的存量 q 应小于临界量 Q。

4. 柴油发电机组是以柴油机为原动机，拖动同步发电机发电的一种电源设备，一般作为水闸的备用电源。柴油发电机组按照发动机的燃料分类，可分为柴油发电机组和复合燃料发电机组；按照转速分类，可分为高速、中速、低速柴油发电机组；按照使用条件分类，可分为陆用、船用、挂车式和汽车式柴油发电机组，其中陆用发电机组包括移动式和固定式，陆用机组又可以分为普通型、自动化型、低噪音型、低噪音自动化型四种；按照发电机输出电压和频率分类，可分为交流发电机组和直流发电机组，其中交流发电机组包括中频 40 Hz 和工频50 Hz。对 50 Hz 工频中小型发电机组的标定电压一般为 400 V；大型发电机的标定电压一般为 6.3～10.5 kV。

2.6 物资仓库管理标准

管理标准：

物资仓库管理标准如表 2.6 所示。

表 2.6 物资仓库管理标准

序号	项目	管理标准
1	一般定义	物资仓库是指与水闸相关的防汛物资、日常工具等保管场所。
2	一般规定	(1) 物资仓库应指定专人管理,将有关规章制度上墙明示。 (2) 仓库管理人员应根据存储物资的特点,做好"五无":无霉烂变质、无损坏和丢失、无隐患、无杂物积尘、无老鼠;做好"六防":防潮、防冻、防压、防腐、防火、防盗。 (3) 物资仓库应保持整洁、空气流通、无蜘蛛网、物品摆放整齐。 (4) 货架排列整齐有序,无破损,强度符合要求,物资名称编号齐全。 (5) 物品分类详细合理,有条件的利用电脑进行管理,易燃、易爆、有毒物品的运输、贮存、使用按有关规定执行。 (6) 物品按照分类划定区域摆放整齐合理、便于存取,有明确的物品配置图,存取货应随到随存、随需随取。物品储存货架应设置存货卡,物资进出要注意先进先出的原则。 (7) 应按照《防汛物资储备定额编制规程》(SL 298—2004)相关规定测算防汛物资品种及数量,现场储备必要的应急物资、抢险器械和备品备件,落实大宗物资储备。 (8) 物资仓库管理员应对物品存取进行登记管理、详细记录,按要求及时填写入库单、领料单。 (9) 物资仓库应有通风、防潮、防火、防盗的措施,有特殊保护要求的应有相应措施,储存物品一般不可直接与地面接触。 (10) 物资仓库的照明灯具应安装牢固、布置合理、照度适中。 (11) 危险品应单独存放,防范措施齐全,定期检查。
3	卫生保洁	(1) 物资仓库应保持整洁,一般每周小扫除一次,每月大扫除一次。 (2) 物资仓库应做到无杂物乱堆乱放,物资摆放整齐。
4	安全事项	(1) 物资仓库应设有"严禁烟火"标志。 (2) 物资仓库存放的危险化学品的存量不能大于或等于临界量。 (3) 物资仓库应按相关规范要求配备灭火器等消防设施,并定期进行检查。
5	注意事项	仓库管理员需保证物资管理的安全,严禁无关人员进入仓库。

考核要点:

1. 仓库的环境卫生及保管条件是否符合要求。

2. 物资仓库的有关规章制度、标识标牌、消防器材是否配备齐全。

3. 物资仓库物品分类、存储、登记、防汛物资测算是否符合有关标准,是否管理到位。

重点释义：

1. 江苏省《水闸工程管理规程》(DB32/T 3259—2017)规定：

应按照 SL 298 相关规定测算防汛物资品种及数量，现场储备必要的应急物资、抢险器械和备品备件，落实大宗物资储备。

2.《防汛物资储备定额编制规程》(SL 298—2004)涵闸(泵站)防汛物资测算规程：

(1) 根据涵闸(泵站)所在位置和级别的不同，将其分为：修建在干、支流河道上的拦河闸，修建在堤身处的涵闸(泵站)，修建在堤身上的小型穿堤建筑物等三类，其中第三类纳入堤防中进行计算。

(2) 工程级别

根据《水利水电工程等级划分及洪水标准》(SL 252—2000)、《水闸设计规范》(SL 265—2001)、《泵站设计规范》(GB/T 50265—97)的规定，涵闸(泵站)工程分为五级(见表 2.7)。

表 2.7　涵闸(泵站)工程规模、等级对应表

工程等别	Ⅰ	Ⅱ	Ⅲ	Ⅳ	Ⅴ
工程规模	大(1)	大(2)	中型	小(1)	小(2)
主要建筑物级别	1	2	3	4	5

注：涵闸(泵站)建筑物工程的级别与被保护区的堤防工程本身级别相比较，取较高的工程级别。

(3) 防汛物资储备品种

①抢险物料：袋类、土工布、砂石料、铅丝、桩木、钢管(材)等；

②救生器材：救生衣(圈)；

③小型抢险机具：发电机组、便携式工作灯、投光灯、电缆等；

④对有些专业性较强的防汛物资设备的储备，可在堤防防汛物资储备中统一安排考虑。

(4) 防汛物资储备标准

每座涵闸(泵站)防汛物资储备单项品种数量($S_{涵}$)按下式计算

$$S_{涵} = \eta_{涵} \times M_{涵}$$

式中：$M_{涵}$ ——涵闸(泵站)防汛物资储备单项品种基数，其基数值应根据涵闸(泵站)不同工程实际规模确定，见表 2.8；

$\eta_{涵}$ ——涵闸(泵站)工程现状综合调整系数。

工程现状综合调整系数由涵闸(泵站)工程安全状况、工程级别、所在位置及水头差等因素确定。具体按下式计算：

$$\eta_{涵} = \eta_{涵1} \times \eta_{涵2} \times \eta_{涵3} \times \eta_{涵4}$$

式中：$\eta_{涵i}(i=1 \sim 4)$ 从表 2.9 中查取。

表 2.8　涵闸(泵站)防汛物资储备单项品种基数表

工程类别	抢险物料						救生器材	小型抢险机具			
	袋类	土工布	砂石料	铅丝	桩木	钢管(材)	救生衣	发电机组	便携式工作灯	投光灯	电缆
	条	m^2	m^3	kg	m^3	kg	件	kW	只	只	m
大(1)型	1 500	300	200	500	8	1 500	40	10	12	4	250
大(2)型	1 000	200	150	400	6	1 200	30	10	10	4	200
中型	800	150	100	300	4	800	20	10	8	3	150
小(1)型	500	120	80	200	2.5	500	10	6	5	1	100
小(2)型	300	80	50	100	1.5	300	5	4	3	1	80

表 2.9　涵闸(泵站)工程现状综合调整系数表

工程状况	工程安全状况($\eta_{涵1}$)				工程级别($\eta_{涵2}$)					所在位置($\eta_{涵3}$)			水位差($\eta_{涵4}$)		
	一类	二类	三类	四类	1 级	2 级	3 级	4 级	5 级	拦河闸	挡水闸	穿堤闸	≥5 m	3～5 m	≤3 m
调整系数 η	1.0	1.1	1.2	1.5	1.3	1.2	1.0	0.8	0.6	1.4	1.2	1.0	1.3	1.2	1.0

注：上下游水位差，按设计(或校核)水位情况下的较大值考虑。

3. 物资仓库灭火器一般每季度检查不少于一次，并在灭火器检查卡上记录。

4. 依据《危险化学品重大危险源辨识》(GB 18218—2009)和《危险化学品重大危险源监督管理暂行规定》(国家安全监管总局令第 40 号)对管理区域内的危险化学品进行辨识。危险化学品重大危险源是指长期地或临时地生产、加工、搬运、使用或储存危险化学品，且危险化学品的数量等于或超过临界量的单元。重大危险源的辨识指标：单元内存在的危险化学品的数量等于或超过临界量，即被定为重大危险源。单元内存在的危险化学品的数量根据处理危险化学品种类的多少区分为以下两种情况：

(1) 单元内存在的危险化学品为单一品种，则该危险化学品的数量即为单元内危险化学品的总量，若等于或超过相应的临界量，则定为重大危险源。

(2) 单元内存在的危险化学品为多品种时，则按下式计算，若满足下式，则定为重大危险源：

$$q_1/Q_1 + q_2/Q_2 + \cdots + q_n/Q_n \geqslant 1$$

式中 $q_1, q_2, \cdots, q_n$ ——每种危险化学品实际存在量，单位为吨(t)；

$Q_1, Q_2, \cdots, Q_n$ ——与每种危险化学品相对应的临界量，单位为吨(t)。

2.7 网络机房管理标准

管理标准：

网络机房管理标准如表 2.10 所示。

表 2.10 网络机房管理标准

序号	项目	管理标准
1	一般定义	网络机房是指放置服务器、网络设备的场所。
2	一般规定	(1) 网络机房应指定专人管理，将有关规章制度上墙明示。 (2) 网络机房内应保持清洁、卫生，无杂物。 (3) 禁止与机房工作无关的人员进出机房，外单位人员进出机房，必须有相关人员陪同。 (4) 做好网络机房的防火、防湿、防雷工作，环境温度控制在 25 ℃。 (5) 任何职工不得使用单位网络内的网络终端(计算机、服务器)对外设立论坛类、电子公告服务类和游戏类等站点。 (6) 单位网络资源用于职工办公使用，上班期间不能使用单位网络资源进行娱乐、非工作性质聊天等与工作无关的应用操作。 (7) 机房维护人员应学习常规的用电安全操作和知识，了解机房内部的供电、用电设施的操作规程。严禁随意对设备断电、更改设备供电线路，严禁随意串接、并接、搭接各种供电线路。 (8) 应定期检查、整理硬件物理连接线路，定期检查硬件运作状态(如设备指示灯、仪表)，及时了解硬件运作状态。 (9) 应设立机房巡检制度，做到“一看、二听、三闻”，发现异常情况和设备缺陷应及时处理，确保安全运行。 (10) 应加强对网络设备的管理，对各类设备进行归类编码，建立档案，保存好相应的电子文档和系统工具。 (11) 网络机房服务器系统数据应定期进行备份，服务器和设备的数据备份由专人进行。

（续表）

序号	项目	管理标准
3	卫生保洁	(1) 网络机房应保持整洁，一般每周小扫除一次，每月大扫除一次。 (2) 网络机房应做到无杂物乱堆乱放，设备摆放整齐。
4	安全事项	(1) 网络机房应设有“严禁烟火”的标志。 (2) 任何计算机网络终端的使用者不得从事危害单位计算机信息及网络安全的活动，并做好信息保密工作。 (3) 网络机房应按相关规范要求配备灭火器等消防设施。
5	注意事项	使用下载软件下载后，要养成及时退出下载软件的习惯，以防大量的下载软件占用系统资源。

考核要点：

1. 网络机房的环境卫生、防火防潮防雷措施是否符合要求。

2. 网络机房的有关规章制度、标识标牌、消防器材是否配备齐全。

3. 网络机房网络设备的分类是否符合有关标准，是否管理到位。

重点释义：

1. 江苏省《水闸工程管理规程》(DB32/T 3259—2017)规定：

(1) 监控系统硬件设施的养护维修应符合下列要求：经常对传感器、可编程序控制器、指示仪表、保护设备、视频系统、计算机及网络等系统硬件进行检查维护和清洁除尘；及时修复故障，更换零部件；按规定时间对传感器、指示仪表、保护设备等进行率定和精度校验，对不符合要求的设备进行检修、校正或更换；定期对保护设备进行灵敏度检查、调整，对云台、雨刮器等转动部分加注润滑油；更换损坏的防雷系统的部件或设备。

(2) 监控系统软件系统的养护维修应符合下列要求：应制定计算机控制操作规程并严格执行，明确管理权限；加强对计算机和网络的安全管理，配备必要的防火墙，监控设施应采用专用网络；经常对系统软件和数据库进行备份，对技术文档妥善保管；有管理权限的人员对软件进行修改或设置时，修改或设置前后的软件应分别进行备份，并做好修改记录；对运行中出现的问题详细记录，并通知开发人员解决和维护；及时统计并上报有关报表。

2.《江苏省水利工程管理考核办法(2017年修订)》(苏水管〔2017〕26号)规定：

工程监视、监控、监测自动化程度高；积极应用管理自动化、信息化技术；设备检查维护到位；系统运行可靠，利用率高。

3. 网络机房灭火器一般每月检查不少于一次，并在灭火器检查卡上记录。

4. 机房环境巡回检查方法为“一看、二听、三闻”，其具体内容是：

一看，即检查设备内外是否清洁、完整，灯光信号指示是否正常，有无漏水、漏油、漏雨现象；

二听，即检查转动设备转动声是否均匀，有无异声，电气设备有无放电声；

三闻，即检查有无绝缘漆的焦味，有无橡胶、塑料、棉织物的焦味，有无异常气味。

2.8 配电房管理标准

管理标准：

配电房管理标准如表 2.11 所示。

表 2.11 配电房管理标准

序号	项目	管理标准
1	一般定义	配电房是指带有高低压负荷的配电场所，包括高压配电室与低压配电室。
2	一般规定	(1) 高、低压配电室室内墙面应设有相关规章制度、电气操作规程及电气主接线图。 (2) 高、低压配电室开关柜前后操作区域均需设置绝缘垫，绝缘垫应无破损，符合相应的绝缘等级，颜色统一、铺设平直。 (3) 配电房需提供足够亮度的日常照明及应急照明，以确保开关柜前后的照度，并处于完好状态。照明灯具安装牢固、布置合理，照度适中，巡视检查重点部位应无阴暗区。 (4) 高、低压开关柜周围应设有安全警戒线，安全标志及设备标签应齐全、规范。 (5) 配电房门口应设置挡鼠板，防止老鼠、蛇类等动物进入；配电房内应保持清洁，无蜘蛛网及其他杂物，地面、窗台无积水，设备无尘。 (6) 配电房内电缆沟完好，无渗水，无杂物，盖板无积尘、无锈迹、无破损，铺设平整、严密。 (7) 配电房的标识标牌应齐全，高、低压设备的设备管理卡样式应统一，记录完整、清晰、准确，在指定位置安放；在配电房和变压器的相关位置设置“配电重地，闲人免进”或“高压危险”，以及相应的安全距离的醒目标识。 (8) 电缆支架、桥架无锈蚀，桥架连接牢固可靠，盖板及跨接线齐全，电缆排列整齐、绑扎牢固、标记齐全。 (9) 配电房接地系统设置合理、涂色规范明显。 (10) 禁止非工作人员进入配电房，必须要进入这些场所时，应由电工或其指定人员陪同；外单位人员前来参观或上级业务部门前来检查工作时，应由电工或其他技术人员陪同。
3	卫生保洁	配电房应保持整洁，一般每周小扫除一次，每月大扫除一次。

（续表）

序号	项目	管理标准
4	安全事项	(1) 配电房应配置与电压等级相对应的绝缘棒、接地线、绝缘手套、绝缘靴、验电器等电气安全用具，并定期进行试验。 (2) 配电房应按相关规范要求配备灭火器等消防设施。 (3) 定期做好清洁卫生、防潮、防尘、防火等工作。发生火灾时，应先切断电源，迅速灭火，不得使用非绝缘介质灭火器灭火。
5	注意事项	配电房桥架出口或电缆穿孔的地方应做好密封处理。

考核要点：

1. 配电房的环境卫生及照明等设施是否符合要求。

2. 配电房的有关规章制度、标识标牌、电气主接线图、消防器材等是否配备齐全。

3. 配电房的电气安全用具是否符合有关标准，是否管理到位。

重点释义：

1. 江苏省《水闸工程管理规程》(DB32/T 3259—2017)规定：

(1) 在机械传动部位、电气设备等危险场所或危险部位应设有安全警戒线或防护设施，安全标志应齐全、规范。按照消防要求应配备灭火器具，应急出口应保持通畅。

(2) 应按规定定期对消防用品、安全用具进行检查、检验，保证其齐全、完好、有效。

2.《江苏省水利工程管理考核办法（2017 年修订）》（苏水管〔2017〕26 号）规定：

对各类电气设备、指示仪表、避雷设施、接地等进行定期检验，并符合规定；各类机电设备整洁，及时发现并排除隐患；各类线路保持畅通，无安全隐患。

3. 配电房灭火器一般每季度检查不少于一次，并在灭火器检查卡上记录。

4.《电力安全工器具预防性试验规程》(DL/T 1476—2015)规定：绝缘棒、绝缘挡板、绝缘罩、绝缘夹钳交流耐压试验周期为 1 年，验电棒、绝缘手套、绝缘靴的交流耐压试验、泄漏电流试验周期为半年。

5. 模拟母线的标志颜色根据《电气装置安装工程盘、柜及二次回路结线施工及验收规范》(GB 50171—92)规定。模拟母线的标志颜色如表 2.12 所示。

表 2.12 模拟母线的标志颜色

电压(kV)	颜 色	色 标 号
交流 0.23	深灰	GSB G51001—94 B01
交流 0.40	黄褐	GSB G51001—94 YR07
交流 3	深绿	GSB G51001—94 G05
交流 6	深蓝	GSB G51001—94 PB02
交流 10	绛红	GSB G51001—94
交流 13.80～20	浅绿	GSB G51001—94
交流 35	浅黄	GSB G51001—94 Y04
交流 60	橙黄	GSB G51001—94
交流 110	朱红	GSB G51001—94 R02
交流 154	天蓝	GSB G51001—94 PB10
交流 220	紫	GSB G51001—94 P02
交流 330	白	GSB G51001—94
交流 500	淡黄	GSB G51001—94 Y06
直流(500 kV 以外)	褐	GSB G51001—94
直流 500	深紫	GSB G51001—94

6. 绝缘垫主要采用胶类绝缘材料制作，用 NR、SBR 和 IIR 等绝缘性能优良的非极性橡胶制造。根据《电绝缘橡胶板》(HG 2949—1999)国家标准规定：(1) 5 kV 及以下绝缘胶垫厚度：3 mm；比重：5.8 kg/m^3；颜色：红、绿、黑。(2) 10 kV 绝缘胶垫厚度：5 mm；比重：9.2 kg/m^3；颜色：红、绿、黑。(3) 15 kV 绝缘胶垫厚度：5mm；比重：9.2 kg/m^3；颜色：红、绿、黑。(4) 20 kV 绝缘胶垫厚度：6 mm；比重：11 kg/m^2；颜色：红、绿、黑。(5) 25 kV 绝缘胶垫厚度：8 mm；比重：14.8 kg/m^3；颜色：红、绿、黑。(6) 30～35 kV 绝缘胶垫厚度：10～12 mm；比重：18.4～22 kg/m^2；颜色：红、绿、黑。

2.9 中控室管理标准

管理标准：

中控室管理标准如表 2.13 所示。

表 2.13　中控室管理标准

序号	项目	管理标准
1	一般定义	中控室是指通过上位机和中央控制系统控制水闸设备的场所。
2	一般规定	(1) 中控室应将有关规章制度、操作规程上墙明示。 (2) 中控室内应保持清洁,室内照明通风良好,公共物品摆放整齐,地面窗台无积水,无与运行无关的杂物,设备设施完好。 (3) 中控室座椅靠近控制台一侧摆放,排列整齐;座椅轻挪、轻放,不得碰撞、扳倒,不得在座椅上乱刻乱画。 (4) 控制台面划定区域摆放鼠标、显示屏、打印机、电话机、对讲机及文件架;运行记录本、报表等资料摆放有序,不得在柜顶、柜下、墙角堆放。 (5) 控制台内物品分为电气设备及资料。电气设备包括工控机、UPS电源、多功能电源插座等,应保持完好、清洁,布线整齐合理,通风良好;资料包括各种规章制度、作业指导书、运行检查记录表、签字笔、打印纸等,应摆放整齐。 (6) 中控室应放置监控系统运行记录并及时做好记录,安全帽要放到相应柜子里,杂物要及时清理,空调设施安装可靠、完好,置于墙面、悬挂于屋顶的投影设备等应保持完好、清洁。 (7) 经常对中控室内计算机、指示仪表、投影仪、网络设备等系统硬件进行检查维护和清洁除尘,及时修复故障,更换零部件。 (8) 中控室值班人员严禁干与工作无关的事,严禁在岗位上嬉闹、打闹。 (9) 中控室值班人员不得擅自离岗,应认真做好值班及交接班记录的填写工作。
3	卫生保洁	中控室应保持整洁,值班人员每日巡视保洁一次,每周小扫除一次,每月大扫除一次。
4	安全事项	(1) 中控室应按相关规范要求配备灭火器等消防设施。 (2) 值班人员应经常检查自动监控系统、视频监视系统,对控制系统报警提示的任何故障进行记录与观察,及时处理故障。
5	注意事项	中控室内应保持安静,严禁大声喧哗,不得将食物带入中控室内就餐。

考核要点:

1. 中控室的环境卫生、物品摆放是否符合要求。

2. 中控室的有关规章制度、操作规程、消防器材、记录台账等是否配备齐全。

3. 中控室监控系统的软硬件维护是否符合有关标准,是否管理到位。

重点释义：

1. 江苏省《水闸工程管理规程》(DB32/T 3259—2017)规定：

(1) 妥善保护机电设备、水文、通信、观测设施，防止人为毁坏；非工作人员不得擅自进入工作桥、启闭机房等可能影响工程安全运行或影响人身安全的区域，入口处设置明显的标志。

(2) 控制室、启闭机房等房屋建筑地面、墙面应完好、整洁、美观，通风良好，无渗漏。

(3) 经常对传感器、可编程序控制器、指示仪表、保护设备、视频系统、计算机及网络等系统硬件进行检查维护和清洁除尘；及时修复故障，更换零部件。

(4) 经常检查水闸预警系统、防汛决策支持系统、办公自动化系统及自动监控系统，及时修复发现的故障、更换部件或更新软件系统。

2.《江苏省水利工程管理考核办法(2017 年修订)》(苏水管〔2017〕26 号)规定：

引进、研究开发先进管理设施，改善管理手段，增加管理科技含量；工程监视、监控、监测自动化程度高；积极应用管理自动化、信息化技术；设备检查维护到位；系统运行可靠，利用率高。

3. 中控室灭火器一般每季度检查不少于一次，并在灭火器检查卡上记录。

2.10 水文自记台管理标准

管理标准：

水文自记台管理标准如表 2.14 所示。

表 2.14　水文自记台管理标准

序号	项目	管理标准
1	一般定义	水文自记台是指记录、监测水文要素的场所。
2	一般规定	(1) 水文自记台应将相关规章制度、操作规程上墙明示。 (2) 水文自记台建筑物屋顶及墙体无渗漏、无裂缝、无破损；外表干净整洁、无蜘蛛网、积尘及污渍。 (3) 水文自记台地面平整，地面铺装无破损、空鼓、裂缝及油污等。 (4) 水文自记台建筑物内应保持清洁，无蜘蛛网及其他杂物，地面和窗台无积水，水文设施无落尘。

（续表）

序号	项目	管理标准
2	一般规定	(5) 水文自记台应配置自记台标志牌，安全标志应齐全、规范。 (6) 遥测系统 RTU 主机箱要始终保持清洁，遥测水位计读数每天必须与自记水位计读数校正，以保证两者读数没有误差。如有误差需人工将遥测水位计的读数与基本水尺水位校准调平。直流电瓶与 RTU 的连接要可靠，每日检查蓄电池电压及太阳能电池板端子电压数值，防止缺电造成数据传输的中断。 (7) 遥测雨量计要保证承雨口内无树叶杂物、承雨口不堵塞，并与雨量计的雨量数据对比。 (8) 水文技术人员应及时查询本站数据是否正常传输至省局水情服务器，如果数据正常无误则证明遥测系统运行正常。 (9) 定期检查水文自记台测井是否淤积，如发生淤积现象，需及时对测井和沉砂池进行清淤。 (10) 禁止非工作人员进入水文自记台，必须要进入时，应由水文工作人员陪同；外单位人员前来参观或上级业务部门前来检查工作时，应由水文工作人员陪同。
3	卫生保洁	水文自记台应保持整洁，一般每周小扫除一次，每月大扫除一次。
4	安全事项	水文自记台应按相关规范要求配备灭火器等消防设施，并定期进行检查维护。
5	注意事项	如气温下降至 0 ℃左右，需对水文自记台测井添加适量的柴油，防止测井水位结冰造成水位观测数据错误。

考核要点：

1. 水文自记台环境卫生是否符合要求，设备养护是否到位。
2. 水文自记台有关规章制度、标识标牌、消防设施等是否配备齐全。
3. 水文自记台建筑物是否完好无损、符合有关标准，是否管理到位。

重点释义：

1. 江苏省《水闸工程管理规程》(DB32/T 3259—2017)规定：妥善保护机电设备、水文、通信、观测设施，防止人为毁坏。

2. 水文自记台灭火器一般每季度检查不少于一次，并在灭火器检查卡上记录。

2.11 水文缆道房管理标准

管理标准：

水文缆道房管理标准如表 2.15 所示。

表 2.15 水文缆道房管理标准

序号	项目	管理标准
1	一般定义	水文缆道房是指放置水文测验仪器的场所，包括：缆道操作台，外架缆道（支架、主索、循环索等）。
2	一般规定	(1) 水文缆道房应由专人管理，相关规章制度、操作规程上墙明示。 (2) 水文缆道房建筑物屋顶及墙体无渗漏、无裂缝、无破损；外表干净整洁，无蜘蛛网、积尘及污渍。 (3) 水文缆道房地面平整，地面铺装无破损、空鼓、裂缝及油污等；索道控制台台面整洁，无杂物，无污渍。 (4) 水文缆道房建筑物内应保持清洁，无蜘蛛网及其他杂物，地面窗台无积水，储物柜、砂瓶、测流设备应摆放整齐。 (5) 水文缆道房应配置水文缆道标志牌，安全标志应齐全、规范。 (6) 蓄电池架空放置专用支架上，做好防湿、防火、防高温工作，做好充放电记录。 (7) 水文缆道主索钢丝绳一般每年养护一次；工作索及其他运行的钢丝绳每年养护不少于二次到三次，经常入水部分应适当增加上油次数，防止生锈。绳索与锚锭接头部分，要特别注意养护，可涂柏油或黄油，并每年至少检查一次。 (8) 水文传感器、信号装置、计数装置应定期测试检查，发现误差及时订正或更换。 (9) 支架、绞车每年汛前全面检查一次，应保证按设计结构不变形，经常检查绞车运转情况，保持轴承、转动部件油润及表面清洁。 (10) 每年雷雨季节以前，应对防雷装置作定期检查养护。防雷接地电阻的要求一般不大于 10 Ω。 (11) 禁止非工作人员进入水文缆道房，必须要进入时，应由水文工作人员陪同；外单位人员前来参观或上级业务部门前来检查工作时，应由水文工作人员陪同。
3	卫生保洁	水文缆道房应保持整洁，一般每周小扫除一次，每月大扫除一次。
4	安全事项	水文缆道房应按相关规范要求配备灭火器等消防设施。
5	注意事项	水文缆道房应注意防火、防潮。

考核要点:

1. 水文缆道房环境卫生是否符合要求,设备养护是否到位。
2. 水文缆道有关规章制度、标识标牌、消防设施等是否配备齐全。
3. 水文缆道建筑物是否完好无损、符合有关标准,是否管理到位。

重点释义:

1. 江苏省《水闸工程管理规程》(DB32/T 3259—2017)规定:妥善保护机电设备、水文、通信、观测设施,防止人为毁坏。
2. 水文缆道房灭火器一般每季度检查不少于一次,并在灭火器检查卡上记录。

2.12 档案室管理标准

管理标准:

档案室管理标准如表 2.16 所示。

表 2.16 档案室管理标准

序号	项目	管理标准
1	一般定义	档案室是指对水闸日常管理、技术资料收集整理的场所,包括档案库房、档案办公室与阅览室。
2	一般规定	(1) 档案室室内墙面应设有相关档案及档案库房的管理制度。 (2) 档案室室内应保持整洁、卫生,无关物品不得存放。 (3) 档案室应由熟悉了解工程管理、掌握档案管理知识并经培训取得上岗资格的专职或兼职人员管理。 (4) 档案员应按时对相关资料进行收集、整理、归档,符合档案归档要求;严格执行保管、借阅制度,做到收借有手续,按时归还;档案柜及档案排列规范、摆放整齐、标识明晰。 (5) 档案室办公桌椅摆放整齐,窗帘、照明灯具及亮度符合档案室要求。 (6) 档案室应配备除湿机、碎纸机、空调、温湿度计,档案管理员应每日记录档案室的温湿度。档案库房的温度应控制在 14～24 ℃,有设备的库房日变化幅度不超过±2 ℃;相对湿度应控制在 45%～60%,有设备的库房日变化幅度不超过±5%。 (7) 档案库房、阅览室、办公室三室分开;有档案保护措施,符合“八防”要求。 (8) 非档案管理人员未经许可不得进入档案库房,库房内严禁烟火,离开档案库房时,必须检查好门窗,加强防范措施。 (9) 定期对档案进行全面检查、清点,确保档案完整、安全,有系统性。如发现破损、霉变、虫蛀、褪变情况,立即采取治理修复措施。 (10) 应积极开展档案管理达标工作,档案管理单位应取得档案管理单位等级证书。

（续表）

序号	项目	管理标准
3	卫生保洁	档案室应保持整洁，一般每周小扫除一次，每月大扫除一次。
4	安全事项	档案室应按相关规范要求配备灭火器等消防设施。
5	注意事项	对保管的档案资料的内容，不得外传和泄密。

考核要点：

1. 档案室的环境卫生及“八防”措施等是否符合要求，档案库房、阅览室、办公室是否三室分开。

2. 档案室的有关规章制度、相关设备、消防器材等是否配备齐全。

3. 工程管理档案资料是否及时归档，归档是否符合要求，温湿度记录、档案借阅手续是否完善。

4. 档案室是否取得档案管理单位的等级证书，档案员是否持证上岗，管理是否到位。

重点释义：

1. 江苏省《水闸工程管理规程》(DB32/T 3259—2017)规定：

(1) 水闸工程管理单位应建立技术档案管理制度，应由熟悉了解工程管理、掌握档案管理知识并经培训取得上岗资格的专职或兼职人员管理档案，档案设施齐全、清洁、完好。

(2) 按照有关规定建立完整的技术档案，及时整理归档各类技术资料。开展档案管理达标工作。

(3) 技术档案包括以文字、图表等纸质件及音像、电子文档等磁介质、光介质等形式存在的各类资料。推行档案管理电子化。各类工程和设备均应建档立卡，文字、图表等资料应规范齐全，分类清楚、存放有序，按时归档。严格执行保管、借阅制度，做到收借有手续，按时归还。档案管理人员工作变动时，应按规定办理交接手续。

2.《江苏省水利工程管理考核办法(2017 年修订)》(苏水管〔2017〕26 号)规定：

档案管理制度健全，配备档案管理专业人员；档案设施齐全、完好；各类工程建档立卡，图表资料等规范齐全，分类清楚，存放有序，按时归档；档案管理信息化程度高；档案管理获档案主管部门认可或取得档案管理单位等级证书。

3. 档案库房管理的“八防”是指：防尘、防火、防盗、防潮、防高温、防光、防蛀、防腐。

4. 档案室灭火器一般每月检查不少于一次，并在灭火器检查卡上记录。

5. 水闸管理单位可参照的档案管理法规主要有：《归档文件整理规则》（DA/T 22—2015）、《机关文件材料归档范围和文书档案保管期限规定》（国家档案局第8号令）、《照片档案管理规范》（GB/T 11821—2002）、《科学技术档案案卷构成的一般要求》（GB/T 11822—2008）、《国家重大建设项目文件归档要求与档案整理规范》（DA/T 28—2002）等。

2.13 办公室管理标准

管理标准：

办公室管理标准如表2.17所示。

表2.17 办公室管理标准

序号	项目	管理标准
1	一般定义	办公室是指水闸管理人员日常办公的场所。
2	一般规定	(1) 办公室应将有关规章制度上墙明示。 (2) 室内保持整洁、卫生、空气清新，办公桌椅固定摆放，桌面桌内物品摆放整齐，无与办公无关的物品。 (3) 办公室资料柜及资料排列摆放整齐，清洁无破损。 (4) 工作人员上班时应着装整洁，佩戴工作证，禁止穿拖鞋、背心、短裤。 (5) 办公室室内窗帘保持洁净，空调设施完好。 (6) 工作人员应及时对办公电脑、打印机等办公设施进行维护，防止不正当的操作和使用。
3	卫生保洁	(1) 办公区应建立健全卫生值日制度，责任落实到人。一般应每日保洁一次，每周小扫除一次，每月大扫除一次。办公室内部卫生由工作人员包干。 (2) 办公室门口和窗外不乱扔纸屑、倾倒剩茶，做到无杂物乱堆乱放、无垃圾。
4	安全事项	(1) 办公区应设有“禁止吸烟”标志，按照规范配备符合要求的消防器材，并定期进行检查维护。 (2) 工作人员下班离开办公室时应切断办公室的电源，关好门窗，做好安全工作。
5	注意事项	(1) 办公室内严禁大声喧哗，交流工作要做到谈话语音适中，以免影响他人。 (2) 办公室可适当摆放绿植，适当营造文化氛围。

考核要点：

1. 办公室环境卫生、物品摆放是否符合要求。

2. 办公室内各项规章制度、消防器材等是否配备齐全。

3. 工作人员是否着装整洁。

重点释义：

1. 江苏省《水闸工程管理规程》(DB32/T 3259—2017)规定：

经常清理办公设施、生产设施、消防设施、生活及辅助设施等，办公区、生活区及工程管理范围内应整洁、卫生，绿化经常养护。

2.《江苏省水利工程管理考核办法(2017年修订)》(苏水管〔2017〕26号)规定：

建立、健全并不断完善各项管理规章制度，关键岗位制度明示，各项制度落实，执行效果好。

3. 办公室灭火器一般每季度检查不少于一次，并在灭火器检查卡上记录。

2.14 会议室管理标准

管理标准：

会议室管理标准如表2.18所示。

表2.18 会议室管理标准

序号	项目	管理标准
1	一般定义	会议室是指提供开会用的场所，可以用于召开学术报告、会议、培训、组织活动和接待客人等。
2	一般规定	(1) 会议室应保持整洁、卫生，空气清新，桌椅固定摆放，桌面整洁无尘。 (2) 会议室投影仪、电视等设施完好，能正常使用，及时做好会议室内设备设施的调试工作。 (3) 会议室室内窗帘保持洁净，空调设施完好。 (4) 会议结束后，及时做好卫生清洁工作，并关好门窗、空调、投影仪等设施设备电源，切实做好防火、防盗工作。
3	卫生保洁	(1) 会议室应保持整洁，一般每日保洁一次，每周小扫除一次，每月大扫除一次。 (2) 会议室门口和窗外不乱扔纸屑、倾倒剩茶，做到无杂物乱堆乱放、无垃圾。

（续表）

序号	项目	管理标准
4	安全事项	会议室应设有“禁止吸烟”标志，按照规范配备符合要求的消防器材，并定期进行检查维护。
5	注意事项	(1) 会议室内严禁大声喧哗、嬉戏打闹、聚会等。 (2) 提倡参会人员自带水杯，做到随手关灯、关空调。

考核要点：

1. 会议室环境卫生、物品摆放是否符合要求。

2. 会议室消防器材等是否配备齐全。

3. 会议室音响设备、投影设备、电视等能否正常工作。

重点释义：

1. 江苏省《水闸工程管理规程》(DB32/T 3259—2017)规定：

经常清理办公设施、生产设施、消防设施、生活及辅助设施等，办公区、生活区及工程管理范围内应整洁、卫生，绿化经常养护。

2. 会议室灭火器一般每季度检查不少于一次，并在灭火器检查卡上记录。

2.15 职工宿舍管理标准

管理标准：

职工宿舍管理标准如表 2.19 所示。

表 2.19 职工宿舍管理标准

序号	项目	管理标准
1	一般定义	职工宿舍是职工生活和休息的场所。
2	一般规定	(1) 宿舍内注意保持清洁，个人物品、床单、被子整齐规范，不许乱扯绳、拉线、钉墙、贴画等。 (2) 每间宿舍一般应配置床、书桌、衣橱、空调、电视等。 (3) 废物、垃圾等应集中于指定场所倾倒。 (4) 职工应自觉维护宿舍的生活设施。 (5) 严禁在宿舍大声喧哗和进行影响他人休息的活动。 (6) 个人物品要妥善保管，提高警惕，防火防盗。 (7) 严禁在宿舍内饲养任何动物。 (8) 节约用水、用电，做到人走灯熄、人离水关。

（续表）

序号	项目	管理标准
3	卫生保洁	职工宿舍卫生由个人负责，一般每日保洁一次，每周大扫除一次。
4	安全事项	(1) 严禁在宿舍内私接电源以及使用违规电器，离开宿舍时应关闭空调、拔除充电设备。 (2) 职工宿舍应按照相关规范要求足额配备灭火器等安全设施，并定期进行检查维护。 (3) 宿舍内严禁使用或存放危险及违禁物品，现金、财物等应妥善保管。
5	注意事项	职工应妥善保管自己的贵重物品，离开职工宿舍时应关好门窗，关闭电器设备及电源。

考核要点：

1. 职工宿舍环境卫生、个人物品的整理是否符合要求。
2. 职工宿舍消防器材等是否配备齐全。
3. 职工宿舍有无违规电器，公共区域有无杂物堆放。

重点释义：

1. 江苏省《水闸工程管理规程》(DB32/T 3259—2017)规定：

经常清理办公设施、生产设施、消防设施、生活及辅助设施等，办公区、生活区及工程管理范围内应整洁、卫生，绿化经常养护。

2. 违规电器的范围：宿舍违规电器一般是指“热得快”、取暖器、电热毯等。

3. 职工生活区灭火器一般每季度检查不少于一次，并在灭火器检查卡上记录。

2.16 职工食堂管理标准

管理标准：

职工食堂管理标准如表 2.20 所示。

表 2.20 职工食堂管理标准

序号	项目	管理标准
1	一般定义	职工食堂是指为内部职工提供就餐的场所。

（续表）

序号	项目	管理标准
2	一般规定	(1) 职工食堂应将相关规章制度上墙明示。 (2) 食堂应随时保持整洁卫生、无积垢、地面无积水。 (3) 炊事员每年进行一次健康检查，体检不合格者或患有不适合在食堂工作的疾病时，应调离工作岗位。 (4) 职工食堂食物的储存温度应符合要求，冷冻、冷藏食品时间不宜过长。 (5) 做好防腐烂、防霉变、防止蚊蝇鼠害工作，保证饭菜卫生。 (6) 食堂应配备消毒柜，餐具、储藏室和厨房应定期消毒，避免食物中毒和传染病流行。 (7) 液化气或煤气不使用时每天及时关闭，防火、防爆、防中毒等安全措施到位。 (8) 食品原料应在食品架上整齐摆放、保持清洁。 (9) 电器设备应有防潮装置，不得超负荷使用，保证绝缘良好。
3	卫生保洁	(1) 职工食堂一般每日保洁，保持干净整洁，每周大扫除一次。 (2) 炊具清洁，油污应定期清理，排油烟设施能正常使用。
4	安全事项	(1) 职工食堂应安装符合要求的燃气报警器，并定期进行检查维护。 (2) 职工食堂应按照相关规范要求足额配备灭火器等安全设施，并定期进行检查维护。
5	注意事项	职工食堂应推行“光盘行动”，杜绝铺张浪费。

考核要点：

1. 职工食堂环境卫生、食物储存是否符合要求。

2. 职工食堂各项规章制度、消毒柜、消防器材等是否配备齐全。

3. 职工食堂燃气使用是否规范等。

重点释义：

1. 江苏省《水闸工程管理规程》(DB32/T 3259—2017)规定：

经常清理办公设施、生产设施、消防设施、生活及辅助设施等，办公区、生活区及工程管理范围内应整洁、卫生，绿化经常养护。

2. 燃气报警器是指气体泄漏检测报警仪器。当环境中燃气气体泄漏，燃气报警器检测到气体浓度达到报警器设置的爆炸或中毒的临界点时，燃气报警器就会发出报警信号。

3. 职工食堂上墙的规章制度一般包括食堂安全管理制度、从业人员健康管理制度等。

4. 职工食堂灭火器一般每季度检查不少于一次，并在灭火器检查卡上记录。

2.17 职工活动室管理标准

管理标准：

职工活动室管理标准如表 2.21 所示。

表 2.21 职工活动室管理标准

序号	项目	管理标准
1	一般定义	职工活动室是指职工业余时间娱乐、休闲的场所。
2	一般规定	(1) 职工活动室应将有关规章制度上墙明示。 (2) 职工活动室应保持清洁、卫生、空气清新，无杂物堆放。 (3) 职工活动室应设有“严禁吸烟”标牌。 (4) 职工活动室内棋牌桌应安放整齐，不得使用麻将桌及其他赌博道具。 (5) 职工活动室内健身器材应质量合格、安装稳定。 (6) 职工活动室内球桌安放平整，球及用具应在指定位置存放，破损道具集中存放处理。 (7) 凡在活动室参加各种活动的职工，应讲文明礼貌，遵守各项规章制度，讲究公共卫生，应保持安静，不得影响他人。 (8) 活动结束后，要随时关闭器材的电源；要注意关灯、关风扇，并关好门、窗等。 (9) 活动室地面宜选择运动地胶铺装。
3	卫生保洁	职工活动室一般每周打扫一次，每月大扫除一次，保持环境及设施干净整洁。
4	安全事项	职工活动室应按照相关规范要求足额配备灭火器等安全消防设施，并定期进行检查维护。
5	注意事项	活动完毕后，各种器材要完好归位，切勿乱放、乱扔或带出活动室。

考核要点：

1. 职工活动室环境卫生是否符合要求。
2. 职工活动室内各项规章制度、标识标牌、消防器材等是否配备齐全。
3. 职工活动室内活动器材是否安放整齐、有无杂物堆放等。

重点释义：

1. 江苏省《水闸工程管理规程》(DB32/T 3259—2017)规定：

经常清理办公设施、生产设施、消防设施、生活及辅助设施等，办公区、生活区及工程管理范围内应整洁、卫生，绿化经常养护。

2. 运动地胶是采用聚氯乙烯材料专门为运动场地开发的一种地胶，具体来说就是以聚氯乙烯及其共聚树脂为主要原料，加入填料、增塑剂、稳定剂、着色剂等辅料，在片状连续基材上，经涂敷工艺或经压延、挤出或挤压工艺生产而成。一般是由多层结构叠压而成，一般有耐磨层（含 UV 处理）、玻璃纤维层、弹性发泡层、基层等。

3. 职工活动室上墙制度一般包括职工活动室管理制度等。

4. 职工活动室灭火器一般每季度检查不少于一次，并在灭火器检查卡上记录。

2.18 图书阅览室管理标准

管理标准：

图书阅览室管理标准如表 2.22 所示。

表 2.22 图书阅览室管理标准

序号	项目	管理标准
1	一般定义	图书阅览室是指职工阅读书籍、学习知识的场所。
2	一般规定	(1) 图书阅览室应将有关规章制度上墙明示。 (2) 图书阅览室应设有专兼职管理员，及时做好图书登记、整理和借阅。 (3) 图书阅览室应设有“严禁吸烟”标牌。 (4) 图书阅览室应保持清洁卫生、空气清新，无杂物堆放。 (5) 职工应自觉维护阅览室的秩序，不随地吐痰，不乱扔杂物。 (6) 职工所借书刊，必须按时归还。 (7) 职工应爱护书刊，不得在书刊上涂写、圈点、卷折，不得撕剪报刊资料；爱护公物设施，不损坏桌椅门窗，不弄脏墙壁、窗帘等。 (8) 职工离开阅览室时，将凳子放回原处，做到轻放、轻走。
3	卫生保洁	图书阅览室一般每周小扫除一次，每月大扫除一次，保持环境及设施干净整洁。
4	安全事项	职工活动室应按照相关规范要求足额配备灭火器等安全设施，并定期进行检查维护。
5	注意事项	图书阅览室内严禁大声喧哗，交流学习要做到谈话音量适中，以免影响他人。

考核要点：

1. 图书阅览室环境卫生、图书摆放是否符合要求。
2. 图书阅览室内各项规章制度、标识标牌、消防器材等是否配备齐全。
3. 图书阅览室内是否安放整齐、有无杂物堆放等。

重点释义：

1. 江苏省《水闸工程管理规程》(DB32/T 3259—2017)规定：

经常清理办公设施、生产设施、消防设施、生活及辅助设施等，办公区、生活区及工程管理范围内应整洁、卫生，绿化经常养护。

2. 图书阅览室灭火器一般每季度检查不少于一次，并在灭火器检查卡上记录。

2.19 卫生间管理标准

管理标准：

卫生间管理标准如表 2.23 所示。

表 2.23 卫生间管理标准

项目	管理标准
一般定义	卫生间是厕所、洗手间、浴池的合称，是必不可少的生活设施。
一般规定	(1) 洗手池、小便池等水龙头使用，要随用随开，用完及时关闭，不要放任自流。 (2) 随时保持环境整洁、空气流通，无蜘蛛网及其他杂物，地面无积水。 (3) 洁具清洁，无破损、结垢及堵塞现象，冲水顺畅。 (4) 拖把、抹布等清洁用具应定点整齐摆放，保持洁净。 (5) 挡板完好，安装牢固，标志齐全。 (6) 不得乱丢入厕垃圾，以免造成下水道堵塞或卫生间环境不洁，垃圾统一放进卫生间配备的纸篓中。
卫生保洁	卫生间应建立健全卫生值日制度，责任落实到人，每日检查并打扫一次，每周大扫除一次。
安全事项	卫生间应注意地面积水，防止滑倒。
注意事项	职工应爱护卫生间设施，节约入厕用纸及洗手液，自觉维护卫生间清洁环境。

考核要点：

1. 卫生间环境卫生是否符合要求。
2. 卫生间打扫工具等是否配备齐全。

重点释义：

江苏省《水闸工程管理规程》(DB32/T 3259—2017)规定：

经常清理办公设施、生产设施、消防设施、生活及辅助设施等，办公区、生活区及工程管理范围内应整洁、卫生，绿化经常养护。

3 设施管理标准

3.1 钢闸门管理标准

管理标准：

钢闸门管理标准如表 3.1 所示。

表 3.1 钢闸门管理标准

序号	项目	管理标准
1	一般定义	钢闸门是用来开启、关闭局部水工建筑物中过水口的活动结构。它能够起到调节流量、控制水位的作用。按门叶形状钢闸门分为平面钢闸门、弧形钢闸门、人字形钢闸门三类。
2	一般规定	(1) 闸门各类零部件无缺失，表面整洁，梁格内无积水，闸门横梁、门槽、附件及结构夹缝处无杂物、水草及附着水生物等。 (2) 闸门结构完好，无明显变形，防腐涂层完整，无起皮、鼓泡、剥落现象，无明显锈蚀；门体部件及隐蔽部位防腐状况良好。 (3) 止水橡皮、止水座完好，闸门渗漏水符合规定要求。 (4) 平面闸门滚轮、滑轮等灵活可靠，无锈蚀卡阻现象；运转部位加油设施完好、油路畅通，注油种类及油质符合要求，采用自润滑材料的应定期检查。 (5) 平面闸门各种轨道平整，无锈蚀，预埋件无松动、变形和脱落现象。 (6) 弧形闸门侧导轮、支铰灵活可靠，支铰经常加油润滑，无锈蚀卡阻现象。 (7) 弧形闸门侧轨道平整，无锈蚀，预埋件无松动、变形和脱落现象。 (8) 平面闸门、弧形闸门吊座、闸门锁定等无裂纹、锈蚀等缺陷，闸门锁定灵活可靠，启门后不能长期运行于无锁定状态。 (9) 人字闸门门体转轴垂直度符合要求，结合柱无下垂现象；预埋件无松动、变形和脱落现象。 (10) 人字闸门顶枢、底枢无过度磨损，经常加油润滑，无锈蚀卡阻现象，加油设施通畅。

（续表）

序号	项目	管理标准
3	检查频次	(1) 日常巡视每日不少于1次。 (2) 经常检查应符合下列要求：工程建成5年内，每周检查不少于2次；5年后可适当减少次数，每周检查应不少于1次；汛期应增加检查次数；水闸在设计水位运行时，每天应至少检查1次，超设计标准运行时应增加检查频次；当水闸处于泄水运行状态或遭受不利因素影响时，对容易发生问题的部位应加强检查观察。
4	维修养护	一般在汛前(5月1日前)和汛后(10月1日后)进行全面养护，日常检查中发现问题要及时处理。
5	台账资料	(1) 工程检查应随身携带记录本，现场填写记录，及时整理检查资料。 (2) 日常巡视要填写日常巡视记录表；经常检查要填写经常检查记录表。
6	安全事项	冰冻期间应采取防冻措施，防止闸门受冰压力作用以及冰块的撞击而损坏；闸门启闭前，应采取措施，消除闸门周边和运转部位的冻结。
7	注意事项	(1) 检修闸门放置应整齐有序，并进行防腐保护，如局部破损或止水损坏，应进行维修。 (2) 闸门运用出现异常情况时，应及时采取措施进行处理，并及时上报。

考核要点：

1. 巡视检查频率是否符合要求。

2. 闸门外观是否整洁完好。

3. 闸门构件是否齐全完好，能否正常运用。

4. 有无日常检查及定期检查记录。

重点释义：

1. 闸门维修养护的内容主要包括：门叶、行走支承装置、吊耳、吊杆及锁定装置、止水装置、埋件、闸门表面防腐层等。

2. 江苏省《水闸工程管理规程》(DB32/T 3259—2017)规定：

(1) 闸门门叶的养护应符合下列要求：及时清理面板、梁系及支臂附着的水生物、泥沙和漂浮物等杂物，梁格、臂杆内无积水，保持清洁；及时紧固配齐松动或丢失的构件连接螺栓；闸门运行中发生振动时，应查找原因，采取措施消除或减轻。

(2) 闸门行走支承装置的养护应符合下列要求：定期清理行走支承装置，保持清洁;保持运转部位的加油设施完好、畅通,并定期加油。闸门滚轮、弧形门支铰等难以加油部位,应采取适当方法进行润滑,一般可采用高压油泵(枪)定期加油;及时拆卸清洗滚轮或支铰轴堵塞的油孔、油槽,并注油。

(3) 闸门吊耳、吊杆及锁定装置的养护应符合下列要求:定期清理吊耳、吊杆及锁定装置;吊耳、吊杆及锁定装置的部件变形时,可矫正,但不应出现裂纹、开焊。

(4) 闸门止水装置的养护应符合下列要求:止水橡皮磨损、变形的,应及时调整达到要求的预压量;止水橡皮断裂的,可粘接修复;对止水橡皮的非摩擦面,可涂防老化涂料;冬季应将水润滑管路排空,防止冻坏。

(5) 闸门埋件的养护应符合下列要求:定期清理门槽,保持清洁;闸门的预埋件应有暴露部位非滑动面的保护措施,保持与基体联结牢固、表面平整、定期冲洗。主轨的工作面应光滑平整并在同一垂直平面,其垂直平面度误差应符合设计规定。

(6) 闸门门叶的维修应符合下列要求:闸门构件强度、刚度或蚀余厚度不足时,应按设计要求补强或更换;闸门构件变形时,应矫正或更换;门叶的一、二类焊缝开裂应在确定深度和范围后及时补焊;门叶连接螺栓孔腐蚀后,应扩孔并配相应的螺栓;闸门防冰冻构件损坏后,应修理或更换。

(7) 闸门行走支承装置的维修应符合下列要求:压合胶木滑道损伤或滑动面磨损严重应更换;滑块严重磨损应更换;主轨道变形、断裂、磨损严重应更换;轴和轴套出现裂纹、压陷、变形、磨损严重、轮轴与轴套间隙超过允许公差时,应更换;轴销磨损、腐蚀量超过设计标准时,应修补或更换;滚轮踏面磨损的可补焊,并达到设计圆度;滚轮、滑块夹槽、支铰发生裂纹的,应更换,确认不影响安全时,可补焊。滚轮磨损严重或锈死不转时,应更换。

(8) 闸门吊耳、吊杆及锁定装置的维修应符合下列要求:吊耳、吊杆及锁定装置的轴销裂纹或磨损、腐蚀量大于原直径的10%时,应更换;吊耳及锁定装置的连接螺栓腐蚀后,可除锈防腐,腐蚀严重的应更换;受力拉板或撑板腐蚀量大于原厚度的10%时,应更换。

(9) 闸门止水装置的维修应符合下列要求:止水橡皮严重磨损、变形或老化、失去弹性,门后水流散射或设计水头下渗漏量>0.2 L/(s·m)时,应更换;潜孔闸门顶止水翻卷或撕裂,应查找原因,采取措施消除和修复;止水压板螺栓、螺母应齐全,压板局部变形可矫正,严重变形或腐蚀应更换;水润滑管路、阀门等损坏,应修理或更换;止水木腐蚀、损坏时,应予更换;刚性止水在闭门状态应支承可靠、止水严密,挡板出现焊缝脱落现象时,应予补焊,填料缺失时,应填满符合原设计要求的环氧砂浆。

(10) 闸门埋件的维修应符合下列要求:埋件破损面积>30%时,应全部更换;埋件局部变形、脱落,应局部更换;止水座板出现蚀坑时,可涂刷树脂基材料或喷镀不锈钢材料整平。

3.《江苏省水利工程管理考核办法(2017 年修订)》(苏水管〔2017〕26 号)规定:

钢闸门表面整洁,无明显锈蚀;闸门止水装置密封可靠;闸门行走支承零部件无缺陷;钢门体的承载构件无变形;吊耳板、吊座没有裂纹或严重锈损;运转部位的加油设施完好、畅通;寒冷地区的水闸,在冰冻期间应因地制宜地对闸门采取有效的防冰冻措施。

4.《江苏省水利工程运行管理督查办法(试行)》(苏水管〔2013〕68 号)规定:

对水闸管理运行工作的主要督查内容:4.日常管理情况。……水工建筑物闸门及启闭机、电气设备、自动化监控系统、通信设施等运行状况。

5.养护要求

及时对闸门表面涂层进行修补,无明显锈蚀现象,闸门止水装置密封可靠,运转部位加油设施完好、畅通并经常加油,及时对变形物件进行校正修复,冰冻期间应对闸门采取有效的防冰冻措施。

3.2 卷扬式启闭机管理标准

管理标准:

卷扬式启闭机管理标准如表 3.2 所示。

表 3.2 卷扬式启闭机管理标准

序号	项目	管理标准
1	一般定义	卷扬式启闭机是用钢索或钢索滑轮组作吊具与闸门相连接,通过齿轮传动系统使卷扬筒绕、放钢索从而带动升降的机械。
2	一般规定	(1) 启闭机零部件无缺失,除转动部位的工作面外有防腐措施,着色符合标准;启闭机表面清洁,无锈迹,油漆无翘皮、剥落现象。 (2) 启闭机机架底脚及机架与设备间连接牢固可靠,机架无明显变形,无损伤或裂纹;电机等有明显接地,接地电阻符合规定要求。 (3) 启闭机的连接件紧固,无松动现象,转动轴同轴度符合规定,弹性联轴节内弹性圈无老化、破损现象。 (4) 机械传动装置的转动部位注油种类及油位油质符合规定,注油设施完好,油路畅通,油封密封良好,无漏油现象。 (5) 滑动轴承的轴瓦、轴颈光洁平滑,无划痕或拉毛现象,轴与轴瓦配合间隙符合规定;滚动轴承的滚子及其配件无卡阻、无损伤、无锈蚀、无疲劳破坏及过度磨损现象。

（续表）

序号	项目	管理标准
2	一般规定	(6) 启闭机卷筒及轴应定位准确、转动灵活，无裂纹或明显损伤。 (7) 齿轮减速箱密封严密，齿根及轴无裂纹，齿轮无过度磨损及疲劳剥落现象；齿轮啮合良好，转动灵活，接触点应在齿面中部，分布均匀对称；开式齿轮应保持清洁，表面润滑良好，无损坏及锈蚀。 (8) 制动装置应动作灵活、制动可靠，制动轮及闸瓦表面无油污、油漆和水分，间隙符合要求；制动轮无裂纹、砂眼等缺陷；弹簧无过度变形。 (9) 在闭门状态下钢丝绳松紧适度，滑轮组转动灵活，滑轮内钢丝绳无脱槽、卡槽现象。 (10) 电机绝缘电阻不小于 0.5 MΩ。 (11) 限位开关设定准确，动作可靠，闸门开度仪显示准确。 (12) 电气控制设备动作可靠灵敏，符合电气设备管理标准。
3	检查频次	(1) 日常巡视每日不少于 1 次。 (2) 经常检查应符合下列要求：工程建成 5 年内，每周检查不少于 2 次；5 年后可适当减少次数，每周检查不应少于 1 次；汛期应增加检查次数；水闸在设计水位运行时，每天应至少检查 1 次，超设计标准运行时应增加检查频次；当水闸处于泄水运行状态或遭受不利因素影响时，对容易发生问题的部位应加强检查观察。
4	维修养护	一般在汛前(5 月 1 日前)和汛后(10 月 1 日后)进行全面养护，日常检查中发现问题要及时处理。
5	台账资料	(1) 工程检查应随身携带记录本，现场填写记录，及时整理检查资料。 (2) 日常巡视应填写日常巡视记录表；经常检查应填写经常检查记录表；填写机电设备管理台账，做好设备日常检查维修记录。
6	安全事项	启闭闸门时应注意转向与转向标志是否相符，应调整避开闸门容易振动的开高，关闭闸门到底或升高闸门到顶时应及时主动停机，不能单纯依靠限位装置，防止限位失灵造成事故。
7	注意事项	(1) 启闭机运行时应注意有无卡阻或停滞及异常声响或刺鼻焦味，并注意仪表指示情况。 (2) 启闭运行出现异常情况，应及时采取措施进行处理，并及时上报。

考核要点：

1. 巡视检查频率是否符合要求。
2. 启闭机外观是否整洁完好。
3. 启闭机零部件是否齐全完好，能否正常运用。
4. 有无日常检查及定期检查记录。

重点释义：

1. 江苏省《水闸工程管理规程》(DB32/T 3259—2017)规定：

(1) 卷扬式启闭机的养护应符合下列要求：

① 启闭机机架(门架)、启闭机防护罩、机体表面应保持清洁，除转动部位的工作面外，应采取防腐蚀措施。防护罩应固定到位，防止齿轮等碰壳。

② 注油设施(如油孔、油道、油槽、油杯等)应保持完好，油路应畅通，无阻塞现象。油封应密封良好，无漏油现象。一般根据工程启闭频率定期检查保养，清洗注油设施，并更换油封，换注新油。

③ 启闭机的连接件应保持紧固，不得有松动现象。

④ 启闭机传动轴等转动部位应涂红色油漆，油杯宜涂黄色标志。

⑤ 机械传动装置的转动部位应及时加注润滑油，应根据启闭机转速或说明书要求选用合适的润滑油脂；减速箱内油位应保持在上、下限之间，油质应合格；油杯、油道内油量应充足，并经常在闸门启闭运行时旋转油杯，使轴承得以润滑。

⑥ 闸门开度指示器应定期校验，确保运转灵活，指示准确。

⑦ 制动装置应经常维护，适时调整，确保动作灵活、制动可靠；液压制动器及时补油，定期清洗、换油。

⑧ 开式齿轮及齿形联轴节应保持清洁，表面润滑良好，无损坏及锈蚀。

⑨ 应保持滑轮组润滑、清洁、转动灵活，滑轮内钢丝绳不得出现脱槽、卡槽现象；若钢丝绳卡阻、偏磨，应调整。

⑩ 钢丝绳应定期清洗保养，并涂抹防水油脂。钢丝绳两端固定部件应紧固、可靠；钢丝绳在闭门状态不得过松。

(2) 卷扬式启闭机的维修应符合下列要求：

① 启闭机机架不得有明显变形、损伤或裂纹，底脚连接应牢固可靠。机架焊缝出现裂纹、脱焊、假焊，应补焊。

② 启闭机联轴节连接的两轴同轴度应符合规定。弹性联轴节内弹性圈如出现老化、破损现象，应予更换。

③ 滑动轴承的轴瓦、轴颈出现划痕或拉毛时，应修刮平滑。轴与轴瓦配合间隙超过规定时，应更换轴瓦。滚动轴承的滚子及其配件出现损伤、变形或磨损严重时，应更换。

④ 齿轮联轴器齿面、轴孔缺陷超过相关规定或出现裂纹时，应更换。

⑤ 制动装置制动轮、闸瓦表面不得有油污、油漆、水分等；闸瓦退距和电磁铁行程调整后，应符合 SL381 的有关规定；制动轮出现裂纹、砂眼等缺陷，应进行整修或更换；制动带磨损严重，应予更换；制动带的铆钉或螺钉断裂、脱落，应立即更换补齐；主弹簧变形，失去弹性时，应予更换；蜗轮蜗杆应保持自锁可靠，

锥形摩擦圈间隙调整适当，定期适量加油。

⑥ 滑轮组轮缘裂纹、破伤以及滑轮槽磨损超过允许值时，应更换。

⑦ 卷扬式启闭机卷筒及轴应定位准确、转动灵活，卷筒表面、幅板、轮缘、轮毂等不得有裂纹或明显损伤。

⑧ 钢丝绳达到 GB/T 5972 规定的报废标准时，应予更换；更换的钢丝绳规格应符合设计要求，应有出厂质保资料。更换钢丝绳时，缠绕在卷筒上的预绕圈数，应符合设计要求，无规定时，应大于 4 圈，其中 2 圈为固定用，另外 2 圈为安全圈。

⑨ 钢丝绳在卷筒上应排列整齐，不咬边、不偏档、不爬绳；卷筒上固定应牢固，压板、螺栓应齐全，压板、夹头的数量及距离应符合 GB/T 5975 的规定。

⑩ 双吊点闸门钢丝绳应使双吊点保持在同一水平，防止闸门倾斜；一台启闭机控制多孔闸门时，应使每一孔闸门在开启时保持同样高度。

⑪ 发现钢丝绳绳套内浇注块粉化、松动时，应立即重浇。

⑫ 弧形闸门钢丝绳与面板连接的铰链应转动灵活。

(3) 卷扬式启闭机的检修方法和技术标准参考 DB 32/T 2948 和相关技术规范。

2.《江苏省水利工程管理考核办法(2017 年修订)》(苏水管〔2017〕26 号)规定：

启闭机的连接件保持紧固；传动件的传动部位保持润滑；限位装置可靠；滑动轴承的轴瓦、轴颈无划痕或拉毛，轴与轴瓦配合间隙符合规定；滚动轴承的滚子及其配件无损伤、变形或严重磨损；制动装置动作灵活、制动可靠；钢丝绳定期清洗保养，涂抹防水油脂。

3.《江苏省水利工程运行管理督查办法(试行)》(苏水管〔2013〕68 号)规定：

对水闸管理运行工作的主要督查内容：4.日常管理情况。……水工建筑物闸门及启闭机、电气设备、自动化监控系统、通信设施等运行状况。

4. 养护要求

防护罩、机体表面保持清洁；启闭机的连接件保持坚固；传动件的传动部位保持润滑；限位装置灵活可靠；滑动轴承的轴瓦、轴颈无划痕或拉毛，轴与轴瓦配合间隙符合规定；滚动轴承的滚珠及其配件无损伤、变形或严重磨损；制动装置动作灵活、制动可靠；钢丝绳经常涂抹防水油脂、定期清洗保养。

3.3 螺杆式启闭机管理标准

管理标准：

螺杆式启闭机管理标准如表3.3所示。

表3.3 螺杆式启闭机管理标准

项目	管理标准
一般定义	螺杆式启闭机是用螺纹杆直接或通过导向滑块、连杆与闸门门叶连接，螺杆上下移动[螺杆支撑在承重螺母内，螺母和传动机构(伞齿传动或蜗轮)固定在支架上，接通电源或用人力手摇柄拖动传动机构，带动承重螺母旋转，使螺杆升降]以启闭闸门的机械。
一般规定	(1) 启闭机零部件无缺失，除转动部位的工作面外有防腐措施，编号、着色符合标准；启闭机表面清洁，无锈迹，油漆无翘皮、剥落现象。 (2) 启闭机机架底脚及机架与设备间连接牢固可靠，机架无明显变形，无损伤或裂纹；电机等有明显接地，接地电阻符合规定要求。 (3) 启闭机的连接件紧固，无松动现象。 (4) 机械传动装置的转动部位保持润滑，减速箱油位油质符合规定；螺杆有齿部位清洁，表面涂油防锈蚀，螺杆无弯曲变形；螺杆启闭机的承重螺母、齿轮、推力轴承或螺纹齿宽无过度磨损。 (5) 启闭机构动作时无异常声响。启闭机手摇部分转动灵活平稳、无卡阻现象，手、电两用设备电气闭锁装置安全可靠。 (6) 启闭机行程开关限位开关设定准确，动作可靠，闸门开度仪显示准确；电气控制设备动作可靠灵敏，符合电气设备管理标准。
检查频次	(1) 日常巡视每日不少于1次。 (2) 经常检查应符合下列要求：工程建成5年内，每周检查不少于2次；5年后可适当减少次数，每周检查不应少于1次；汛期应增加检查次数；水闸在设计水位运行时，每天应至少检查1次，超设计标准运行时应增加检查频次；当水闸处于泄水运行状态或遭受不利因素影响时，对容易发生问题的部位应加强检查观察。
维修养护	一般在汛前(5月1日前)和汛后(10月1日后)进行全面养护，日常检查中发现问题要及时处理。
台账资料	(1) 工程检查应随身携带记录本，现场填写记录，及时整理检查资料。 (2) 日常巡视应填写日常巡视记录表；经常检查应填写经常检查记录表；填写机电设备管理台账，做好设备日常检查维修记录。
安全事项	启闭闸门时应注意转向与转向标志是否相符，应调整避开闸门容易振动的开高，关闭闸门到底或升高闸门到顶时应及时主动停机，不能单纯依靠限位装置，防止限位失灵造成事故。

（续表）

项目	管理标准
注意事项	(1) 启闭机运行时应注意有无卡阻或停滞及异常声响或刺鼻焦味，并注意仪表指示情况。 (2) 启闭运行出现异常情况，应及时采取措施进行处理，并及时上报。

考核要点：

1. 巡视检查频率是否符合要求。

2. 启闭机外观是否整洁完好。

3. 启闭机零部件是否齐全完好，能否正常运用。

4. 有无日常检查及定期检查记录。

重点释义：

1. 江苏省《水闸工程管理规程》(DB32/T 3259—2017)规定：

螺杆启闭机养护维修应符合下列要求：

① 定期清理螺杆，并涂抹油脂润滑、保护，条件允许时可配防护罩。

② 螺杆的直线度超过允许值时，应矫正调直并检修推力轴承；修复螺杆螺纹擦伤，及时更换厚度磨损超限的螺杆螺纹。

③ 承重螺母、盆形齿轮、伞形齿轮，出现裂纹、断齿或螺纹齿宽磨损量超过允许值时，应更换。

④ 及时更换保持架变形、滚道磨损点蚀、滚体磨损的推力轴承。

⑤ 螺杆与吊耳的连接应牢固可靠。

2.《江苏省水利工程管理考核办法(2017 年修订)》(苏水管〔2017〕26 号)规定：

螺杆无弯曲变形、锈蚀；螺杆螺纹无严重磨损，承重螺母螺纹无破碎、裂纹及螺纹无严重磨损，加油程度适当。

3.《江苏省水利工程运行管理督查办法(试行)》(苏水管〔2013〕68 号)规定：

对水闸管理运行工作的主要督查内容：4. 日常管理情况。……水工建筑物闸门及启闭机、电气设备、自动化监控系统、通信设施等运行状况。

4. 养护要求

防护罩、机体表面保持清洁；启闭机的连接件保持坚固；传动件的传动部位保持润滑；限位装置灵活可靠；制动装置动作灵活、制动可靠；螺杆无弯曲变形和锈蚀，丝杆和螺母无严重磨损、润滑良好。

3.4 液压式启闭机管理标准

管理标准：

液压式启闭机管理标准如表3.4所示。

表3.4 液压式启闭机管理标准

序号	项目	管理标准
1	一般定义	在液压系统（包括动力装置、控制调节装置、辅助装置等）的控制下，液压缸内的活塞体内壁做轴向往复运动，从而带动连接在活塞上的连杆和闸门做直线运动，以达到开启、关闭闸门的目的。
2	一般规定	(1) 启闭机零部件无缺失，除转动部位的工作面外有防腐措施，着色、编号、管道示流方向及电机转向标志符合标准。 (2) 启闭机、油泵及管道等表面清洁，无锈迹，油漆无翘皮、剥落现象。 (3) 液压站、油泵底脚及管道连接牢固可靠，油箱、管道、阀门无损坏、无渗油，管卡无破损、缺失；电机等有明显接地，接地电阻符合规定要求。 (4) 油位油质符合要求，油位、温度显示清晰准确，过滤器、吸湿剂正常使用。 (5) 限位开关设定准确，动作可靠，压力仪表、闸门开度仪显示准确。 (6) 各类阀门动作可靠，溢流阀压力整定符合要求。 (7) 液压启闭机活塞环、油封无断裂变形、过度磨损及失去弹性等现象，油缸内壁光洁，无锈蚀、拉毛、划痕等。 (8) 启闭机构动作时无异常声响。 (9) 电气控制设备动作可靠灵敏，符合电气设备管理标准。
3	检查频次	(1) 日常巡视每日不少于1次。 (2) 经常检查应符合下列要求：工程建成5年内，每周检查不少于2次；5年后可适当减少次数，每周检查不应少于1次；汛期应增加检查次数；水闸在设计水位运行时，每天应至少检查1次，超设计标准运行时应增加检查频次；当水闸处于泄水运行状态或遭受不利因素影响时，对容易发生问题的部位应加强检查观察。
4	维修养护	一般在汛前（5月1日前）和汛后（10月1日后）进行全面养护，日常检查中发现问题要及时处理。
5	台账资料	(1) 工程检查应随身携带记录本，现场填写记录，及时整理检查资料。 (2) 日常巡视应填写日常巡视记录表；经常检查应填写经常检查记录表；填写机电设备管理台账，做好设备日常检查维修记录。

（续表）

序号	项目	管理标准
6	安全事项	启闭闸门时应避免停留在闸门容易振动的开高上，关闭闸门到底或升高闸门到顶时应及时主动停机，不能单纯依靠限位装置，防止限位失灵造成事故。
7	注意事项	(1) 启闭机运行时应注意有无卡阻或停滞及异常声响或刺鼻焦味，并注意仪表指示情况。 (2) 启闭运行出现异常情况时，应及时采取措施进行处理，并及时上报。

考核要点：

1. 巡视检查频率是否符合要求。
2. 启闭机外观是否整洁完好，是否有漏油现象。
3. 启闭机零部件是否齐全完好，能否正常运用。
4. 有无日常检查及定期检查记录。

重点释义：

1. 江苏省《水闸工程管理规程》(DB32/T 3259—2017)规定：

(1) 液压启闭机的养护应符合下列要求：

① 油缸支架与基体联接应牢固，活塞杆外露部位可设软防尘装置。

② 调控装置及指示仪表应定期检验。

③ 工作油液应定期化验、过滤，油质应符合规定。

④ 经常检查油箱油位，保持在允许范围内；吸油管和回油管口保持在油面以下。

⑤ 油泵、油管系统应无渗油现象。

(2) 液压启闭机的维修应符合下列要求：

① 液压启闭机的活塞环、油封出现断裂、失去弹性、变形或磨损严重的，应予更换。

② 油缸内壁及活塞杆出现轻微锈蚀、划痕、毛刺，应磨刮平滑。油缸和活塞杆有单面压磨痕迹时，分析原因后，予以处理。

③ 液压管路出现焊缝脱落、管壁裂纹，应及时修理或更换。修理前应先将管道内油液排净后才能进行施焊。严禁在未拆卸管件的管路上补焊。管路需要更换时，应与原设计规格相一致。

④ 更换失效的空气干燥器、液压油过滤器部件。

⑤ 液压系统有滴、冒、漏现象时，及时修理或更换密封件。

⑥ 贮油箱焊缝漏油需要补焊时,可参照管路补焊的有关规定进行处理。补焊后应做注水渗漏试验,要求保持 12 h 无渗漏现象。

⑦ 油缸检修组装后,应按设计要求做耐压试验。如无规定,则按工作压力试压 10 min。活塞沉降量不应>0.5 mm,上、下端盖法兰不应漏油,缸壁不应有渗油现象。

⑧ 管路上使用的闸阀、弯头、三通等零件壁身有裂纹、砂眼或漏油时,均应更换新件。更换前,应单独做耐压试验。工作压力≤16 MPa 时,试验压力为工作压力的 1.5 倍;工作压力>16 MPa 时,试验压力为工作压力的 1.25 倍,保持 10 min 以上无渗漏时,才能使用。

⑨ 当管路漏油缺陷排除后,应按设计规定做耐压试验。如无规定,试验压力为工作压力的 1.25 倍,保持 30 min 无渗漏,才能投入运用。

⑩ 油泵检修后,应将油泵溢流阀全部打开,连续空转≥30 min,不得有异常现象。空转正常后,在监视压力表的同时,将溢流阀逐渐旋紧,使管路系统充油(充油时应排除空气)。管路充满油后,调整油泵溢流阀,使油泵在工作压力的 25%、50%、75%、100%的情况下分别连续运转 15 min,应无振动、杂音和温升过高现象。

⑪ 空转试验完毕后,调整油泵溢流阀,使其压力达到工作压力的 1.1 倍时动作排油,此时应无剧烈振动和杂音。

⑫ 移动式启闭机行走应平稳,不得有啃轨现象,车轮不得有裂纹等缺陷。

⑬ 移动式启闭机夹轨器支铰应定期保养,钳口张闭灵活,开度均匀,锁闭时应卡紧轨道。

⑭ 移动式启闭机和检修门起吊用电动葫芦在不使用时应停放在水闸一端,并应有防水保护设施,电缆线、滑触线应堆放整齐。轨道应定期保养、油漆,并保持在同一直线上,如发现固定螺栓松动,应及时紧固。

2.《江苏省水利工程管理考核办法(2017 年修订)》(苏水管〔2017〕26 号)规定:

供油管和排油管敷设牢固;活塞杆无锈蚀、划痕、毛刺;活塞环、油封无断裂、失去弹性、变形或严重磨损;阀组动作灵活可靠;指示仪表指示正确并定期检验;贮油箱无漏油现象;工作油液定期化验、过滤,油质和油箱内油量符合规定。

3.《江苏省水利工程运行管理督查办法(试行)》(苏水管〔2013〕68 号)规定:

对水闸管理运行工作的主要督查内容:4.日常管理情况。……水工建筑物闸门及启闭机、电气设备、自动化监控系统、通信设施等运行状况。

4. 养护要求

油泵、油管系统无渗油现象,供油管和排油管保持色标清晰,敷设牢固;活塞无锈蚀、划痕、毛刺;活塞环、油封无断裂,未失去弹性,无变形或严重磨损;阀组动作灵活可靠;仪表指示正确并定期检验;贮油箱无漏油现象;工作油液定期化验、过滤,油质、油量符合规定。

3.5 开关柜管理标准

管理标准:

开关柜管理标准如表 3.5 所示。

表 3.5 开关柜管理标准

序号	项目	管理标准
1	一般定义	开关柜又名配电柜、配电盘、配电箱,是集中、切换、分配电能的设备。一般由柜体、开关(断路器)、保护装置、监视装置、电能计量表以及其他二次元器件组成。
2	一般规定	(1) 开关柜及底座外观整洁、干净,无积尘,防腐保护层完好、无脱落、无锈迹。 (2) 开关柜盘面仪表、指示灯、按钮以及开关等完好,仪表显示准确、指示灯显示正常。 (3) 开关柜整体完好,构架无变形,固定可靠。 (4) 开关柜铭牌完整、清晰,柜前柜后均有统一的柜名,设有相应电压等级的绝缘垫;抽屉或柜内外开关上应准确标示出供电用途。 (5) 开关柜清洁、无杂物、无积尘,接线整齐,分色清楚;二次接线端子牢固,用途标示清楚,电缆及二次线应有清晰标记的电缆牌及号码管。 (6) 柜内导体连接牢固,导体之间连接处及动力电缆接线桩头示温片齐全,无发热现象;开关柜与电缆沟之间封堵良好,防止小动物进入柜内。 (7) 开关柜的金属构架、柜门及其安装于柜内的电器组件的金属支架与接地导体连接牢固,有明显的接地标志;门体与开关柜用多股软铜线进行可靠连接;开关柜之间的专用接地导体均应相互连接,并与接地端子连接牢固。 (8) 开关柜手车、抽屉等进出灵活,闭锁稳定、可靠,柜内设备完好。 (9) 开关柜门锁齐全完好,运行时柜门应处于关闭状态,对于重要开关设备电源或存在容易被触及的开关柜应处于锁定状态。 (10) 柜内熔断器的选用、热继电器及智能开关保护整定值符合设计要求,漏电断路器应定期试验,确保动作可靠。 (11) 操作箱、照明箱、动力配电箱的安装高度应符合规范要求,并做等电位连接,进出电缆应穿管或暗敷,外观美观整齐。 (12) 设置在露天的开关箱应防雨、防潮,主令控制器及限位装置保持定位准确可靠,触点无烧毛现象。各种开关、继电保护装置保持干净,触点良好,接头牢固。

(续表)

序号	项目	管理标准
3	检查频次	(1) 日常巡视每日不少于1次。 (2) 经常检查应符合下列要求:工程建成5年内,每周检查不少于2次;5年后可适当减少次数,每周检查不应少于1次;汛期应增加检查次数;水闸在设计水位运行时,每天应至少检查1次,超设计标准运行时应增加检查频次;当水闸处于泄水运行状态或遭受不利因素影响时,对容易发生问题的部位应加强检查观察。
4	维修养护	一般在汛前(5月1日前)和汛后(10月1日后)进行全面养护,日常检查中发现问题要及时处理。
5	台账资料	(1) 工程检查应随身携带记录本,现场填写记录,及时整理检查资料。 (2) 日常巡视应填写日常巡视记录表;经常检查应填写经常检查记录表;填写机电设备管理台账,做好设备日常检查维修记录。
6	安全事项	对露天开关箱操作,特别是雨后应戴绝缘手套,穿绝缘鞋,防止电器绝缘损坏触电。
7	注意事项	(1) 运行时应注意有无异常声响或刺鼻焦味,并注意仪表指示情况。 (2) 出现异常情况,应及时采取措施进行处理,并及时上报。

考核要点:

1. 巡视检查频率是否符合要求。

2. 开关柜外观是否整洁完好。

3. 开关柜零部件是否齐全完好,能否正常运用。

4. 有无日常检查及定期检查记录。

重点释义:

1. 江苏省《水闸工程管理规程》(DB32/T 3259—2017)规定:

(1) 操作设备的养护维修应符合下列要求:

① 检查接线是否牢固、标识是否明显,发现问题及时修理。

② 动力柜、照明柜、启闭机操作箱、检修电源箱等应定期清洁,保持箱内整洁,设在露天的操作箱、电源箱应防雨、防潮;所有电气设备金属外壳均有明接地,并定期检测接地电阻值,如接地电阻>4 Ω,应增设补充接地极。

③ 各种开关、继电保护装置应保持干净、触点良好、接头牢固,如发现接触不良,应及时维修,若老化、动作失灵,应予更换;热继电器整定值应符合规定。

④ 主令控制器及限位开关装置应经常检查、保养和校核,确保限位准确可靠,触点无烧毛现象;上、下限位装置应分别与闸门最高、最低位置一致。上、下

扉闸门的联动装置应确保可靠，动作灵活。

⑤ 熔断器的熔丝规格必须根据被保护设备的容量确定，熔丝熔断后应检查原因，查看线路、设备是否正常，不得改用大规格熔丝，不得使用其他金属丝代替。

各类仪表(电流表、电压表、功率表等)每年应按规定检验，保证指示正确灵敏，如发现失灵，应及时检修或更换。

(2) 启闭机控制系统的养护维修应符合下列要求：

① 修复、更新锈蚀或损坏的接地母线。

② 修复、更新出现故障或损坏的闸门开度及荷重装置。

③ 更换不符合要求的接触器。

④ 检查电气闭锁装置动作是否灵敏、可靠，能否自动切断主回路电源，及时修复故障缺陷或更换零部件。

2.《江苏省水利工程管理考核办法(2017年修订)》(苏水管〔2017〕26号)规定：

对各类电气设备、指示仪表、避雷设施、接地等进行定期检验，并符合规定；各类机电设备整洁，及时发现并排除隐患；各类线路保持畅通，无安全隐患；备用发电机维护良好，能随时投入运行。

3.《江苏省水利工程运行管理督查办法(试行)》(苏水管〔2013〕68号)规定：

对水闸管理运行工作的主要督查内容：4.日常管理情况。……水工建筑物闸门及启闭机、电气设备、自动化监控系统、通信设施等运行状况。

4. 养护要求

开关箱应经常保持箱内整洁；设置在露天的开关箱应防雨防潮；各种开关、继电保护装置保持干净，触点良好，接头牢固；主令控制器及限位装置保持定位准确可靠；电力线路运行正常，保持畅通，定期测量导线绝缘电阻值；指示仪表及避雷器等均按规定定期检验。

3.6 变压器管理标准

管理标准：

变压器管理标准如表3.6所示。

表3.6 变压器管理标准

序号	项目	管理标准
1	一般定义	变压器是利用电磁感应的原理来改变交流电压的装置，主要构件是初级线圈、次级线圈和铁芯(磁芯)。主要功能有：电压变换、电流变换、阻抗变换、隔离、稳压等。

（续表）

序号	项目	管理标准
2	一般规定	干式变压器： (1) 干式变压器本体及各部件清洁、无杂物、无积尘，绝缘树脂完好，各连接件紧固无锈蚀，套管无破损及放电痕迹。 (2) 变压器的铭牌固定在明显可见位置，内容清晰，高低压相序标识清晰正确，电缆及引出母线无变形，接线桩头连接紧固，示温片齐全，外壳及中性点接地线完好。 (3) 干式变压器运行时防护门锁好，通过观察窗能看清变压器运行状况，柜内检查用照明电源正常，电缆及母线出线封堵完好。 (4) 测温仪准确反映变压器温度，显示正常，变压器温度不超过设定值。 (5) 柜内风机冷却系统运转正常，表面清洁。 (6) 电气试验每年汛前定期进行，测试数值在允许范围内。 (7) 合理调整分接开关动触头位置，保证输出电压符合要求。 油浸式变压器： (1) 油浸式变压器本体清洁，无渗漏油现象；变压器的铭牌固定在明显可见位置，内容清晰，高低压相序标识清晰正确。 (2) 绝缘件、出线套管、支持绝缘子及引出导电排无破损、放电痕迹及其他异常现象，电缆及引出母线无变形，接线桩头连接紧固，示温片齐全，电缆及母线出线封堵完好。 (3) 呼吸管应完好，油封呼吸器不缺油，吸湿器完好，吸附剂干燥。 (4) 储油柜油位计、油色应正常，储油柜的油位应与温度相对应；防爆管无破裂、损伤及喷油痕迹，防爆膜完好。 (5) 电气试验按要求定期进行，测试数值在允许范围内。 (6) 变压器运行时无异常响声，电磁声、温度不超过规定值。 (7) 铁芯及绕组或引线对铁芯、外壳无放电现象。 (8) 合理调整分接开关动触头位置，保证输出电压符合要求。
3	检查频次	(1) 日常巡视每日不少于1次。 (2) 经常检查应符合下列要求：工程建成5年内，每周检查不少于2次；5年后可适当减少次数，每周检查不应少于1次；汛期应增加检查次数；水闸在设计水位运行时，每天应至少检查1次，超设计标准运行时应增加检查频次；当水闸处于泄水运行状态或遭受不利因素影响时，对容易发生问题的部位应加强检查观察。
4	维修养护	一般在汛前(5月1日前)和汛后(10月1日后)进行全面养护，日常检查中发现问题要及时处理。
5	台账资料	(1) 设备检查时应随身携带记录本，现场填写记录，及时整理检查资料。 (2) 日常巡视应填写日常巡视记录表；经常检查应填写经常检查记录表；填写机电设备管理台账，做好设备日常检查维修记录。
6	安全事项	变压器试验应委托有资质单位进行，日常巡视检查时应由2人以上进行并保持安全距离。

（续表）

序号	项目	管理标准
7	注意事项	(1) 运行时应注意有无异常声响或刺鼻焦味，并注意仪表指示情况。 (2) 出现异常情况，应及时采取措施进行处理，并及时上报。

考核要点：

1. 巡视检查频率是否符合要求。

2. 变压器外观是否整洁完好。

3. 变压器是否按规定进行预防性试验，试验是否委托有资质单位进行，试验结果是否符合安全运行要求，提出的问题是否已处理完毕。

4. 有无日常检查及定期检查记录。

重点释义：

1. 江苏省《水闸工程管理规程》(DB32/T 3259—2017)规定：

(1) 油浸式变压器的养护维修应符合下列要求：

① 定期检测变压器油油质、油位，更换不符合标准的变压器油。

② 定期检查放油阀和密封垫是否完好，修复或更换损坏的零部件。

③ 检查引出线接头是否紧固，更换损坏的零部件。

④ 定期检查变压器接地装置是否完好，螺栓是否松动。

⑤ 更换变色的吸湿剂。

⑥ 更换有缺损的防爆管薄膜。

(2) 干式变压器养护维修应符合下列要求：

① 通风散热系统应保持清洁、无灰尘。

② 定期检查引出线接头是否紧固，螺栓是否松动，引线是否正常，绝缘是否良好。

③ 定期检查变压器接地装置是否完好，螺栓是否松动。

④ 定期对各种保护装置、测量装置及操作控制箱进行检修、维护。

⑤ 修复或更换损坏的零部件。

2.《江苏省水利工程管理考核办法(2017 年修订)》(苏水管〔2017〕26 号)规定：

对各类电气设备、指示仪表、避雷设施、接地等进行定期检验，并符合规定；各类机电设备整洁，及时发现并排除隐患；各类线路保持畅通，无安全隐患；备用发电机维护良好，能随时投入运行。

3.《江苏省水利工程运行管理督查办法(试行)》(苏水管〔2013〕68号)规定：

对水闸管理运行工作的主要督查内容：4.日常管理情况。……水工建筑物闸门及启闭机、电气设备、自动化监控系统、通信设施等运行状况，电气预防性试验及仪器仪表检测情况。

3.7 柴油发电机组管理标准

管理标准：

柴油发电机组管理标准如表3.7所示。

表3.7 柴油发电机组管理标准

序号	项目	管理标准
1	一般定义	柴油发电机组是以柴油机为原动力，拖动同步发电机发电的一种电源设备，通常作为水闸动力的备用电源。
2	一般规定	(1) 柴油发电机组表面清洁，着色符合标准要求，无积尘、无油迹，防腐保护层完好，无脱落、无锈迹；机架固定可靠，机架及电气设备有可靠接地。 (2) 各类燃油阀门开关动作可靠，随时处于良好状态，有明显的旋转方向标志。 (3) 调速器灵活，各联接点保持润滑。 (4) 柴油发电机油路和水路连接可靠通畅，无渗漏现象，冷却水水位、曲轴箱油位、燃油箱油位、散热器水位正常；滤清器清洁。 (5) 冬季根据气温变化防冻措施到位。 (6) 电池组的电量随时保证充足；电气接线桩头清洁，无变形，电缆与出口开关接线可靠，出口开关分断可靠。 (7) 柴油发电机运转正常，无异常声响，电压、温度及转速等符合要求，各类仪表指示准确。
3	检查频次	(1) 日常巡视每日不少于1次。 (2) 经常检查应符合下列要求：工程建成5年内，每周检查不少于2次；5年后可适当减少次数，每周检查不应少于1次；汛期应增加检查次数；水闸在设计水位运行时，每天应至少检查1次，超设计标准运行时应增加检查频次；当水闸处于泄水运行状态或遭受不利因素影响时，对容易发生问题的部位应加强检查观察。
4	维修养护	(1) 一般在汛前(5月1日前)和汛后(10月1日后)进行全面养护，日常检查中发现问题要及时处理。 (2) 正常情况下，每月进行一次试机，蓄电池按规定进行充放电。

（续表）

序号	项目	管理标准
5	台账资料	(1) 设备检查应随身携带记录本，现场填写记录，及时整理检查资料。 (2) 日常巡视应填写日常巡视记录表；经常检查应填写经常检查记录表；填写机电设备管理台账，做好设备日常检查维修记录。
6	安全事项	冬季应注意柴油机组冷却液的检查，防止结冰胀裂箱体。
7	注意事项	(1) 运行时应注意有无异常声响或刺鼻焦味，并注意仪表指示情况。 (2) 出现异常情况，应及时采取措施进行处理，并及时上报。

考核要点：

1. 巡视检查频率是否符合要求。

2. 柴油发电机组外观是否整洁完好。

3. 非运行期是否按规定进行每月一次试机，查看柴油机运行检查记录，发现问题是否及时处理，保持机组完好状态。

4. 有无日常检查及定期检查记录。

重点释义：

1. 江苏省《水闸工程管理规程》(DB32/T 3259—2017)规定：

(1) 柴油发电机组养护维修应符合下列要求：

① 检查柴油机各部油位是否正常、油质是否合格，不满足要求的，应补油或换油。

② 检查绝缘电阻是否符合要求，更换不符合要求的部件。

③ 及时修复有卡阻的发电机转子、风扇与机罩间隙。

④ 擦拭干净集电环换向器，及时调整电刷压力。

⑤ 检查机旁控制屏元件和仪表安装是否紧固，更换损坏的熔断器。

⑥ 更换动作不灵活、接触不良的机旁控制屏的各种开关。

(2) 蓄电池养护维修应符合下列要求：

① 蓄电池应完整，无破损、漏液、变形，极板无硫化、弯曲、短路等现象。

② 检查连接部位是否牢固、端子表面是否清洁、接触是否良好。

③ 检查排气孔有无堵塞，使用时应防止电池内压增高，发生壳体爆裂事故。

④ 蓄电池在使用期间的电解液密度、液面高度和温度应正常。

(3) 检查蓄电池是否保持荷电饱满状态，应定期补充电。

2.《江苏省水利工程管理考核办法(2017 年修订)》(苏水管〔2017〕26 号)

规定：

备用发电机维护良好，能随时投入运行。

3.8 自动化控制系统管理标准

管理标准：

自动化控制系统管理标准如表3.8所示。

表3.8 自动化控制系统管理标准

序号	项目	管理标准
1	一般定义	自动化控制系统是指在人的参与下，机器、设备或系统，通过仪表自动检测、各种参数信息处理、自动分析判断等，实现人们所预期的自动操作过程而构成的人机系统。
2	一般规定	(1) 自动化控制系统设备外观整洁、干净，无积尘；现地监控单元柜面仪表盘面清楚，显示准确，开关、按钮、连接片、指示灯等完好、可靠；柜体的管理标准与开关柜的管理标准相同。 (2) 计算机主机、显示器及附件完好，机箱封板严密，按照标准化管理要求定点摆放整齐；机箱内外部件整洁，无积尘，散热风扇、指示灯工作正常；计算机线路板、各元器件、内部连线连接可靠，接插紧固；显示器、鼠标、键盘等计算机配套设备连接可靠，工作正常，保持清洁；工作电压正常，电源插头连接可靠，接触良好。 (3) 计算机主机应放置于通风、防潮、防尘场所，机箱上禁止放其他物品，移动设备未经允许不得随意使用；关键岗位的计算机应配备不间断电源，并配备预装同类软件的计算机作为紧急时备用。 (4) 计算机磁盘定期维护清理，重要数据定期备份。 (5) 打印机电源线、数据连接线连接可靠，能随时实现打印功能，打印无异常，对于打印效果不能满足要求的打印机应及时修理或更换；打印机使用质量合格的打印纸，纸品应注意防潮，发生卡纸时应按照说明书或提示要求小心清理。 (6) PLC各模块接线端子紧固，模块接插紧固，接触良好，PLC工作正常；PLC机架、模块、电源、继电器、散热风扇、加热器、除湿器等完好，安装固定可靠，工作正常；PLC接线整齐，连接可靠，标记齐全，输入输出模块指示灯工作正常；PLC之间、PLC与主机及网络通信接口通信可靠；PLC电源电压符合使用要求；出口继电器接线正确，连接可靠，动作灵敏；继电器用途应有标识。 (7) 光纤、网线等通信网络连接正常；交换机、防火墙、路由器等通信设备运行正常；各通信接口运行状态及指示灯正常；自动控制系统与上级调度系统通信正常；通信设备运行日志及登录、访问正常。 (8) PLC上位机应由单位指定的专业技术人员操作，每月对自动化控制系统至少进行一次试运行，并做好记录。

（续表）

序号	项目	管理标准
3	检查频次	(1) 日常巡视每日不少于1次。 (2) 经常检查应符合下列要求：工程建成5年内，每周检查不少于2次；5年后可适当减少次数，每周检查不应少于1次；汛期应增加检查次数；水闸在设计水位运行时，每天应至少检查1次，超设计标准运行时应增加检查频次；当水闸处于泄水运行状态或遭受不利因素影响时，对容易发生问题的部位应加强检查观察。
4	维修养护	一般在汛前(5月1日前)和汛后(10月1日后)进行全面养护，日常检查中发现问题要及时处理。
5	台账资料	(1) 设备检查应随身携带记录本，现场填写记录，及时整理检查资料。 (2) 日常巡视应填写日常巡视记录表；经常检查应填写经常检查记录表。
6	安全事项	雷雨季节来临前应检查自动化系统防雷及接地情况，确保系统保护完好。
7	注意事项	(1) 自动化系统应经常保持正常运行状态，工程控制运用优先采用自动化系统。 (2) 出现异常情况，应及时采取措施进行处理，并及时上报。

考核要点：

1. 巡视检查频率是否符合要求。

2. 自动化控制系统是否保持正常运行状态，利用率如何。

3. 自动化控制系统运行参数是否在正常范围内，重要数据是否正常存储和备份。

4. 有无日常检查及定期检查记录。

重点释义：

1. 江苏省《水闸工程管理规程》(DB32/T 3259—2017)规定：

(1) 通信设施养护维修应符合下列要求：

① 及时修理、更新故障或损坏(如雷击)的通信设备及设施。

② 及时修复、更新故障或损坏的电源等辅助设施。

③ 及时修复防腐涂层脱落、接地系统损坏的通信专用塔(架)。

(2) 自动化控制系统硬件设施的养护维修应符合下列要求：

① 经常对传感器、可编程序控制器、指示仪表、保护设备、视频系统、计算机及网络等系统硬件进行检查维护和清洁除尘；及时修复故障，更换零部件。

② 按规定时间对传感器、指示仪表、保护设备等进行率定和精度校验，对不符合要求的设备进行检修、校正或更换。

③ 更换损坏的防雷系统的部件或设备。

(3) 监控系统软件系统的养护维修应符合下列要求：

① 应制定计算机控制操作规程并严格执行，明确管理权限。

② 加强对计算机和网络的安全管理，配备必要的防火墙，监控设施应采用专用网络。

③ 经常对系统软件和数据库进行备份，对技术文档妥善保管。

④ 有管理权限的人员对软件进行修改或设置时，修改或设置前后的软件应分别进行备份，并做好修改记录。

⑤ 对运行中出现的问题详细记录，并通知开发人员解决和维护。

⑥ 及时统计并上报有关报表。

经常检查水闸预警系统、防汛决策支持系统、办公自动化系统及自动监控系统，及时修复发现的故障、更换部件或更新软件系统。

2.《江苏省水利工程管理考核办法(2017 年修订)》(苏水管〔2017〕26 号)规定：

工程监视、监控、监测自动化程度高；积极应用管理自动化、信息化技术；设备检查维护到位；系统运行可靠，利用率高。

3.《江苏省水利工程运行管理督查办法(试行)》(苏水管〔2013〕68 号)规定：

对水闸管理运行工作的主要督查内容：4.日常管理情况。……水工建筑物闸门及启闭机、电气设备、自动化监控系统、通信设施等运行状况，电气预防性试验及仪器仪表检测情况。

4. 管理要求

管理所应明确 1～2 名技术人员担任本单位信息化系统管理员，具体承担信息化系统的维护管理。信息化系统管理员应熟悉本单位信息化系统的技术方案，能熟练操作应用信息化系统，并对出现的一般故障进行维修；其他人员应能积极应用信息化系统并熟练操作，严禁非系统管理员修改信息化系统参数配置。

5. 自动化监控及视频监视系统管理

(1) 检查系统运行状况，记录前端各类传感器、仪表、PLC、监控软件、服务器、通信网络等工作状态及异常情况，周期为每周 2 次，并做好记录。

(2) 每月对自动化监控系统至少进行 1 次试运行，并做好记录；在工程控制运用中优先使用自动化监控系统进行操作。

(3) 做好自动化系统中水位数据与水文遥测水位数据比对工作，周期为每月 1 次；每年汛前开展 1 次仪表精度校验工作。

(4) 检查视频监视系统硬盘录像机、摄像头、分配器等设备运行情况，周期为每周2次，并做好记录。

(5) 每年汛前完成自动化监控系统数据库备份工作，并存档；做好自动化监控系统软件、PLC程序备份工作。

(6) 加强对UPS管理，不得任意接入其他超过UPS容量的负载，每月对蓄电池进行一次充放电，延长蓄电池使用寿命。

(7) 系统管理员应及时检查升级服务器、工作站操作系统的补丁程序，补丁安装前应对系统进行备份，补丁安装后应对系统进行测试，同时对安装过程进行记录存档；及时升级防病毒软件，更新病毒库，并定期进行杀毒；加强对系统账号、密码的管理，不得使用出厂初始密码，若遇人员调整则及时清理其账号、密码。

(8) 各单位应建立设备管理台账，内容主要包括设备型号、性能参数、维修记录等，并及时更新存档。

(9) 自动化监控系统网络严禁未经安全防护设备接入公网。

3.9 视频监视系统管理标准

管理标准：

视频监视系统管理标准如表3.9所示。

表3.9 视频监视系统管理标准

序号	项目	管理标准
1	一般定义	视频监视系统由摄像、传输、控制、显示、记录5大部分组成。摄像机通过视频电缆将视频图像传输到控制主机，控制主机再将视频信号分配到各视频器及录像设备，同时可将需要传输的语音信号同步录入录像机内。通过控制主机，操作人员可发出指令，对云台的上、下、左、右的动作进行控制及对镜头进行调焦变倍的操作，并通过控制主机实现在多路摄像机及云台之间的切换。利用特殊的录像处理模式，可对图像进行录入、回放、处理等操作。

（续表）

序号	项目	管理标准
2	一般规定	(1) 视频监视设备外观整洁、干净，无积尘。 (2) 硬盘录像机、矩阵、分配器、显示器及附件完好，机箱封板严密，按照标准化管理要求定点摆放整齐；箱内外部件整洁，无积尘，散热风扇、指示灯工作正常；显示器、鼠标、键盘等配套设备连接可靠，工作正常，保持清洁；工作电压正常，电源插头连接可靠，接触良好；重要数据定期备份。 (3) 硬盘录像主机、分配器、大屏、摄像机等设备运行正常，表面清洁，散热风扇、加热器等设施完好，工作正常；配备不间断电源，作为紧急时备用。 (4) 图像监视、球机控制、录像、回放等功能正常；视频摄像机机架无锈蚀，安装固定可靠，及时清洁摄像机镜头，保持监控效果良好；视频摄像机线路整齐，连接可靠，信号传输通畅；电源电压符合工作要求。 (5) 光纤、网线等通信网络连接正常；交换机、路由器等通信设备运行正常；各通信接口运行状态及指示灯正常；视频监视系统与上级调度系统通信正常；通信设备运行日志及登录、访问正常。
3	检查频次	(1) 日常巡视每日不少于1次。 (2) 经常检查应符合下列要求：工程建成5年内，每周检查不少于2次；5年后可适当减少次数，每周检查应不少于1次；汛期应增加检查次数；水闸在设计水位运行时，每天应至少检查1次，超设计标准运行时应增加检查频次；当水闸处于泄水运行状态或遭受不利因素影响时，对容易发生问题的部位应加强检查观察。
4	维修养护	一般在汛前(5月1日前)和汛后(10月1日后)进行全面养护，日常检查中发现问题要及时处理。
5	台账资料	(1) 设备检查应随身携带记录本，现场填写记录，及时整理检查资料。 (2) 日常巡视应填写日常巡视记录表；经常检查应填写经常检查记录表。
6	安全事项	雷雨季节来临前应检查视频监视系统防雷及接地情况，确保系统保护完好。
7	注意事项	(1) 视频监视系统应经常保持正常运行状态。 (2) 出现异常情况，应及时采取措施进行处理，并及时上报。

考核要点：

1. 巡视检查频率是否符合要求。
2. 视频监视系统是否保持正常运行状态，摄像头是否全部完好。
3. 视频监视系统重要图像数据是否正常存储和备份。

4. 有无日常检查及定期检查记录。

重点释义：

1. 江苏省《水闸工程管理规程》(DB32/T 3259—2017)规定：

(1) 通信设施养护维修应符合下列要求：

① 及时修理、更新故障或损坏(如雷击)的通信设备及设施。

② 及时修复、更新故障或损坏的电源等辅助设施。

③ 及时修复防腐涂层脱落、接地系统损坏的通信专用塔(架)。

(2) 监控系统硬件设施的养护维修应符合下列要求：

① 经常对传感器、可编程序控制器、指示仪表、保护设备、视频系统、计算机及网络等系统硬件进行检查维护和清洁除尘；及时修复故障，更换零部件。

② 按规定时间对传感器、指示仪表、保护设备等进行率定和精度校验，对不符合要求的设备进行检修、校正或更换。

③ 定期对保护设备进行灵敏度检查、调整，对云台、雨刮器等转动部分加注润滑油。

④ 更换损坏的防雷系统的部件或设备。

(3) 监控系统软件系统的养护维修应符合下列要求：

① 应制定计算机控制操作规程并严格执行，明确管理权限。

② 加强对计算机和网络的安全管理，配备必要的防火墙，监控设施应采用专用网络。

③ 经常对系统软件和数据库进行备份，对技术文档妥善保管。

④ 有管理权限的人员对软件进行修改或设置时，修改或设置前后的软件应分别进行备份，并做好修改记录。

⑤ 对运行中出现的问题详细记录，并通知开发人员解决和维护。

⑥ 及时统计并上报有关报表。

⑦ 经常检查水闸预警系统、防汛决策支持系统、办公自动化系统及自动监控系统，及时修复发现的故障、更换部件或更新软件系统。

2.《江苏省水利工程管理考核办法(2017年修订)》(苏水管〔2017〕26号)规定：

工程监视、监控、监测自动化程度高；积极应用管理自动化、信息化技术；设备检查维护到位；系统运行可靠，利用率高。

3.《江苏省水利工程运行管理督查办法(试行)》(苏水管〔2013〕68号)规定：

对水闸管理运行工作的主要督查内容：4.日常管理情况。……水工建筑物闸门及启闭机、电气设备、自动化监控系统、通信设施等运行状况，电气预防性试验及仪器仪表检测情况。

3.10 观测仪器管理标准

管理标准：

观测仪器管理标准如表 3.10 所示。

表 3.10 观测仪器管理标准

序号	项目	管理标准
1	一般定义	用于观测的全站仪、电子经纬仪、电子水准仪、测深仪、GPS 全球定位系统测量仪器以及标尺、三脚架、对中杆等附件设备的总称。
2	一般规定	(1) 应设专人管理观测仪器，负责观测仪器的保管、保养、借出、收回、验收、送检等。 (2) 配置的仪器应符合国家颁布的有关技术指标的要求，做到规范化、系列化和标准化。 (3) 观测仪器应按仪器使用说明要求做好校验工作，严禁使用超期未检或检定不合格的仪器。 (4) 测量仪器应由技术熟练人员使用；非熟练人员使用前应研读说明书，在熟练人员的指导下使用。 (5) 应尽量避免在大风、雨雪、严寒、强磁场、强腐蚀、强光直射等不利环境下使用仪器。 (6) 观测仪器搬动、运输、使用过程中要避免仪器碰撞，妥善保护好观测仪器。 (7) 观测仪器如发现异常或故障，应及时委托专业部门维护处理，并对故障现象、原因、处理结果做好记录。 (8) 测量完应及时将仪器电池拆卸下来；仪器长期不用时，要存放在专用仪器箱内，存放在干燥、安全、温湿度适宜的专用仪器柜内；应定期给电池充电，开机简单试用。 (9) 仪器设施由于长期使用，达到耐用年限，或技术性能已达不到技术指标、没有继续使用或使用价值时，可申请报废，重新购置新的观测仪器。 (10) 按仪器耐用年限，逐年折旧，核减固定资产总值。
3	检查频次	一般在仪器使用前一个星期进行检查，发现异常及时分析处理。
4	维修养护	按观测仪器使用说明书要求进行维护，一般要求委托专业厂家进行。
5	台账资料	要有专业单位校验或维护相关资料。
6	安全事项	储存或使用仪器应按仪器使用说明书，防止损毁仪器设备。
7	注意事项	(1) 应由对观测仪器熟悉的人员操作仪器。 (2) 出现异常情况，应及时采取措施进行处理，并及时上报。

考核要点：

1. 观测仪器保管是否规范。
2. 观测仪器定期维护或校验证明资料。

重点释义：

1.《江苏省水利工程管理考核办法(2017 年修订)》(苏水管〔2017〕26 号)规定：观测设施先进、自动化程度高；观测设施、监测仪器和工具定期校验、维护。

2. 管理要求

(1) 借用与归还

其他单位需用仪器时，应到保管单位办理借用手续，使用完应及时送回保管单位，使用单位一律不得转借其他单位使用。

借用和归还时，双方应详细检查仪器状况，对照仪器详单清点附件，并办理借用、归还手续。

仪器借用一般应不超过 15 天，确因特殊原因，需延迟归还的，要及时与仪器保管员联系，并说明原因。

(2) 保存与维护

仪器长途运输时，应切实做好防震、防潮工作。装车时务必使仪器正放，不可倒置。测量人员携带仪器乘汽车时，应将仪器放在防震垫上或腿上抱持，以防震动颠簸而损坏仪器。

测量仪器除要防火防盗以外，还应保存在通风、干燥场所。仪器应摆放在固定位置，不宜倒置，仪器上方不能堆放重物。

测量仪器要专人专用，他人不得随意动用，作业回来前要仔细清点、清洗，保持干净整洁，避免遗失。

在恶劣环境中作业，结束后要用软布擦干仪器表面的油污及泥土、灰尘后装箱；仪器如果受雨淋、水浸，要用软布擦拭干净，回到室内后立即开箱取出仪器放于干燥处，让水汽自然挥发，彻底晾干后再装箱内。

测量完应及时将仪器电池拆卸，仪器长期不用时，应定期给电池充电，开机简单试用，通风防霉、通电驱潮，以保持仪器良好的工作状态。

3.11 观测设施管理标准

管理标准：

观测设施管理标准如表 3.11 所示。

表 3.11 观测设施管理标准

序号	项目	管理标准
1	一般定义	在工程或工程管理范围内设置的沉降、位移、水位、渗压观测点和河道断面等。
2	一般规定	(1) 垂直位移观测基点定期校测，表面清洁，无锈斑、缺损；基底混凝土或其他部位无损坏现象；观测基点有必要的保护设施，保护盖及螺栓润滑良好，开启方便，无锈蚀。 (2) 测压管完好，能够正常观测使用；各观测点的标志、盖锁、围栅或观测房完好、整洁、美观；测压管淤积情况应不影响观测，管内无碎石、混凝土及其他材料堵塞现象。 (3) 水尺安装牢固，表面清洁，标尺数字清晰，无损坏，每年汛前进行校验。 (4) 断面桩无破损、缺失，固定可靠，编号示意牌清晰明确。 (5) 裂缝、伸缩缝观测标点无破损、锈蚀，便于观测。
3	检查频次	随着日常检查和经常性检查时一起检查。
4	维修养护	一般在汛前(5 月 1 日前)、汛后(10 月 1 日后)进行维护。
5	台账资料	更换观测设施要有考证表。
6	注意事项	工程施工或维护过程中要注意对观测设施的保护，防止损坏或移动观测设施。

考核要点：

1. 观测设施是否完整、有效。

2. 观测设施移动或损坏后新敷设观测设施的考证及相关资料。

重点释义：

1.《江苏省水利工程管理考核办法(2017 年修订)》(苏水管〔2017〕26 号)规定：

观测设施先进、自动化程度高；观测设施、监测仪器和工具定期校验、维护，观测设施完好率达到规范要求。

2. 观测设施

(1) 工作基点设置

① 每座工程的工作基点不少于3个，工程附近有国家二等水准点的可以直接引用。

② 大、中型水闸和泵站工程的工作基点应从国家二等以上水准点引测，远离国家二等水准点的中型工程，经上级主管部门批准后，可从国家三等水准点引测。

(2) 垂直位移标点设置

① 水闸工程应按建筑物的底部结构(底板等)的分缝布设标点。

② 水闸的垂直位移标点应埋设在每块底板四角的闸墩头部、空箱岸(翼)墙四角、重力式或扶壁式岸(翼)墙、挡土墙的两端，反拱底板应埋设在每个闸墩的上下游端。

③ 垂直位移标点应坚固可靠，并与建筑物牢固结合，水闸泵站垂直位移标点应采用铜质或不锈钢材料制作。

(3) 测压管设置

① 测压管宜采用镀锌钢管或硬塑料管，内径不宜大于50 mm。

② 测压管的透水段，一般长1～2 m，当用于点压力观测时应小于0.5 m。外部包扎足以防止周围土体颗粒进入的无纺土工织物。透水段与孔壁之间用反滤料填满。

③ 测压管的导管段应顺直，内壁光滑无阻，接头应采用外接头。管口应高于地面，并加保护装置，防止雨水进入和人为破坏，管口保护装置常用的有测井盖、测井栅栏及带有螺纹的管盖或管堵。用管盖或管堵时应在测压管顶部管壁侧面钻排气孔。

(4) 河道断面设置

① 断面应从水闸上下游铺盖、消力池末端或泵站进出水处起进行观测，分别向上下游延伸1～3倍河宽的距离。对于冲刷或淤积较严重的引河，可适当延伸至3～5倍河宽的距离。

② 断面间距以能反映河道的冲刷、淤积变化为原则，靠近闸、站宜密，远离闸、站可适当放宽。

(5) 断面桩设置

断面每侧宜各设两个断面柱，分别设在设计最高水位和正常水位以上。断面要求用15 cm×15 cm×80 cm的钢筋混凝土预制桩，桩顶设置钢制标点，埋入地面以下部分应不小于50 cm，并用混凝土固定。

3.12 管线管路管理标准

管理标准：

管线管路管理标准如表 3.12 所示。

表 3.12 管线管路管理标准

序号	项目	管理标准
1	一般定义	管线管路是指水闸管理配套的电线、通信线、水管、穿线管等。
2	一般规定	(1) 管线管路要根据输送介质的不同采取不同的埋深(符合相应规程规范的要求),同时选择相应的管道材质。 (2) 地下敷设的管线管道要在地面上埋设管道标识桩,标明管道性质、走向,并要在图纸上画出管道竣工图。 (3) 不同性质的管道汇聚在一起(包括水平走向或垂直走向)要按市政工程通用的做法布设。 (4) 外露的管线管道要采取适宜的措施进行保护,做好防冻、防腐蚀、防老化工作。 (5) 供油、供气、供水的管线管路要按相关管理技术规程要求涂刷不同颜色并标示液体流动方向。 (6) 应加强管道完整性检查,发现破损、老化、变形的管线管路要及时修复。
3	检查频次	随着日常检查和经常性检查一起检查。
4	维修养护	一般在汛前(5 月 1 日前)、汛后(10 月 1 日后)进行维护。
5	台账资料	管线管路敷设要有相应的竣工图。
6	注意事项	工程施工或维护过程中要注意管线管路的保护,防止损坏或移动管线管路。

考核要点：

1. 管线管路是否规范,是否有标识桩。
2. 敷设的管线管路是否有竣工图。

重点释义：

江苏省《水闸工程管理规程》(DB32/T 3259—2017)规定：

工程主要部位的警示灯、照明灯、装饰灯应保持完好,主要道路两侧或过河、过闸的输电线路、通信线路及其他信号线,应排放整齐、穿管固定或埋入地下。

3.13 安全工器具管理标准

管理标准：

安全工器具管理标准如表 3.13 所示。

表 3.13 安全工器具管理标准

序号	项目	管理标准
1	一般定义	安全工器具是指防止触电、灼伤、坠落、摔跌等事故，保障工作人员人身安全的各种专用工具和器具；安全工器具分为绝缘安全工器具和一般防护安全工器具两大类。
2	一般规定	(1) 安全工器具应设专人负责管理，加强日常检查，做好登记分类。 (2) 电气安全器具存放在运行现场专用器具架上或安全工具柜内，一般不得外借。 (3) 电气安全工器具要定期试验：绝缘手套、绝缘鞋、验电器每隔 6 个月要进行工频耐压试验；绝缘杆每 12 个月进行工频耐压试验。试验合格证张贴于安全工器具的表面。 (4) 登高安全工器具、安全网、安全帽要存放于干燥、通风、无鼠害仓库并定期检查；安全帽、安全带具有厂家安全生产许可证、产品合格证和安全鉴定合格证，一年进行一次检查试验。 (5) 电气安全工器具和其他作业的安全器具使用前必须进行检查，不合格的严禁使用。
3	检查频次	随着日常检查和经常性检查一起检查。
4	维修养护	一般在汛前(5 月 1 日前)、汛后(10 月 1 日后)进行维护。
5	台账资料	安全工器具要有登记和试验报告台账。
6	安全事项	使用电器安全工器具应有两人以上执行，一人操作，一人监护。
7	注意事项	安全工器具要定期检查和试验，发现不合格的严禁使用，必须立即更换；超过使用期限的安全用具应及时报废更新。

考核要点：

1. 安全工器具须配备齐全、合理，满足安全需要。
2. 电气安全工器具要有定期试验合格标签。

重点释义：

《江苏省水利工程管理考核办法(2017 年修订)》(苏水管〔2017〕26 号)规定：安全措施可靠，安全用具配备齐全并定期检验，严格遵守安全生产操作规定，设备运行安全。

3.14 消防设施管理标准

管理标准：

消防设施管理标准如表 3.14 所示。

表 3.14 消防设施管理标准

序号	项目	管理标准
1	一般定义	消防设施是指建筑物内的火灾自动报警系统、室内消火栓、室外消火栓、灭火器等设施。
2	一般规定	(1) 消防设施应按照行业规定设置，建档挂牌，定期检查，限期报废。 (2) 对各种消防设施进行登记，加强对消防设施的维护，发现有过期、损坏的要及时更换、维修。 (3) 组织职工进行消防演练，熟悉掌握各种灭火设备及器材的使用方法，熟悉本单位水源和灭火器的存放位置。 (4) 在重点消防部位如配电间、仓库、启闭机房、中控室、档案室配备足够数量的消防器材。 (5) 定期检查火灾报警装置的感应器、智能控制装置的灵敏度，随时保持完好。 (6) 消防栓及水带无老化及渗漏，水带及水枪在箱内摆放整齐，不挪作他用。 (7) 灭火器配置合理，压力符合要求，表面无积尘。 (8) 消防箱体无锈蚀、变形，箱内无杂物、积尘，标识清晰，箱内设施齐全。
3	检查频次	重点消防部位每月至少检查一次，其他部位每季度至少检查一次。
4	维修养护	随时进行维护。
5	台账资料	消防设施要有现场分布图及登记台账。
6	安全事项	消防设施使用后要及时补充，规格和型号与原设施相同。
7	注意事项	灭火器材要定期检查和试验，发现不合格的严禁使用，必须立即更换。

考核要点：

1. 消防设施检查频次符合要求，登记挂卡。
2. 消防设施须配备齐全、合理，满足安全需要。

3. 消防器材需定期检验并有合格证。

重点释义：

1. 江苏省《水闸工程管理规程》(DB32/T 3259—2017)规定：

经常清理办公设施、生产设施、消防设施、生活及辅助设施等，办公区、生活区及工程管理范围内应整洁、卫生，绿化经常养护。

2.《江苏省水利工程管理考核办法(2017 年修订)》(苏水管〔2017〕26 号)规定：

安全措施可靠，安全用具配备齐全并定期检验，严格遵守安全生产操作规定，设备运行安全。

3. 管理要求

(1) 灭火器的类型选择

全处工程火灾种类一般属于 A 类火灾(固体物质火灾)或 E 类火灾(带电设备火灾)，宜选择水基型系列灭火器、磷酸铵盐干粉灭火器。档案室、机房宜选择二氧化碳灭火器、水基型系列灭火器。

(2) 灭火器的检查维修

每季度检查灭火器不少于一次，检查灭火器保险栓是否正常、气压是否正常、软管有无破损、配件是否齐全，如发现灭火器不正常应及时更换或送消防单位充装。

干粉灭火器和水基型灭火器压力检查：压力表的指针指向绿色，为压力正常；指针指向红色，为压力太低，需充装；指针指向黄色，为压力过高。

二氧化碳灭火器压力检查：一般二氧化碳灭火器上没有压力表，只能通过称重来检查压力是否足。空的二氧化碳灭火器钢瓶重约 6 公斤，充满气体的钢瓶重约 8.5 公斤。

灭火器维修：灭火器在每次使用后，必须送到已取得维修许可证的维修单位(以下简称"维修单位")检查，更换已损件，重新充装灭火剂和驱动气体；灭火器不论已经使用过还是未经使用，距出厂的年月已达规定期限时，必须送维修单位进行水压试验检查；手提式和推车式干粉灭火器和二氧化碳灭火器期满五年，首次维修以后每满二年，必须进行水压试验等检查；手提式和推车式水基型灭火器期满三年，首次维修以后每满一年，必须进行水压试验检查。

灭火器的铭牌说明标示中，有下列情况之一者，一律按不合格灭火器处理：无生产厂家名称；无出厂日期；无维修厂家名称；无维修日期；无适用火灾类型。

(3) 灭火器报废规定

灭火器从出厂日期算起，达到如下年限的，必须报废：

① 水基型灭火器：6 年；

② 干粉灭火器:10 年;

③ 洁净气体灭火器:10 年;

④ 二氧化碳灭火器和贮气瓶:12 年。

3.15 标志标牌管理标准

管理标准:

标志标牌管理标准如表 3.15 所示。

表 3.15 标志标牌管理标准

序号	项目	管理标准
1	一般定义	由颜色、几何图形、文字、图形符号组成,用以表达特定的信息,用于辅助水闸管理。
2	一般规定	(1) 设立专人负责管理范围内的标志标牌,标志标牌要登记并有分布图。 (2) 标志标牌采用江苏省《水闸泵站标志标牌规范》(DB32T 3839—2020)推荐的尺寸、材质及 LOGO 标志。 (3) 标志标牌在工程管理范围内布设合理,满足工程管理需要。 ① 在工程上、下游引河边工程警戒区内设立"安全警戒区"和"禁渔、禁泳、禁泊"标志牌。 ② 在配电间、启闭机房、发电机房等位置设立危险源告知牌。 ③ 在进入主要工程区前设立"核心工程区"标志牌和"安全生产"提示牌。 ④ 在工程管理范围边界处设立界牌和管理范围告知牌。 ⑤ 在醒目位置设立工程简介牌、工程管理通则和工程管理范围图。 (4) 发现标志牌生锈、褪色、老化,要及时更换或修复。 (5) 多个标志牌在一起设置时,应按警告、禁止、指令、提示类型的顺序,先左后右、先上后下排列。
3	检查频次	日常检查和经常性检查。
4	维修养护	随时进行维护。
5	台账资料	标志标牌要有现场分布图及登记台账。
6	安全事项	安全警示警戒标牌损坏的要及时更换,防止安全事故发生。
7	注意事项	标志标牌尽量采取统一规范的格式及材质,便于通用及更换。

考核要点:

1. 标志标牌配置齐全合理、规范,满足工程管理需要。

2. 标志标牌醒目、美观、完好。

3. 有登记台账及标志标牌位置分布图。

重点释义：

1. 江苏省《水闸工程管理规程》(DB32/T 3259—2017)规定：

定期对工程标牌(包括界桩、界牌、安全警示牌、宣传牌等)进行检查维修或补充，确保标牌完好、醒目、美观。

2.《江苏省水利工程管理考核办法(2017 年修订)》(苏水管〔2017〕26 号)规定：

安全警示警告标志设置规范齐全；定期进行安全检查、巡查。

3.16 设备标识管理标准

管理标准：

设备标识管理标准如表 3.16 所示。

表 3.16 设备标识管理标准

序号	项目	管理标准
1	一般定义	为了便于对设备进行分类管理，明确设备性能、状况、责任人等而对设备制作的标识牌，并在明显位置明示。
2	一般规定	(1) 水闸涂色分为设备类涂色和设施类涂色，其中安全色采用国家标准《图形符号　安全色和安全标志　第 5 部分：安全标志使用原则与要求》(GB/T 2893.5—2020)，设备部分参照江苏省《水闸工程管理规程》(DB32/T 3259—2017)规定的相关颜色，并以全国涂料和颜色标准化技术委员会制定的涂膜颜色标准卡为基准。 (2) 设备编号：① 启闭机编号位于启闭机外壳上，面向下游从左到右由小到大依次编号，要求采用阿拉伯数字，朝向巡视主通道方向。② 闸孔编号位于排架内侧，每孔左右两侧编号相同，面向下游从左向右由小到大依次编号。③ 配电屏(配电柜、控制屏、PLC 屏)按顺序编号，并有功能名称说明。④ 闸阀应有编号，并标有开关方向和“常开”“常闭”标识。 (3) 方向指示：启闭机开关或升降标志应在开式齿轮处以箭头标识旋转方向，要求醒目、大小和位置统一。 (4) 现场设备标识齐全、醒目、美观，粘贴牢固。 (5) 所有设备均应设置醒目的功能或名称标牌。 (6) 所有设备铭牌应清晰、完好。
3	检查频次	随着日常检查和经常性检查一起检查。

（续表）

序号	项目	管理标准
4	维修养护	一般在汛前(5 月 1 日前)、汛后(10 月 1 日后)进行维护。
5	安全事项	设备转向标识要与实际核对正确，防止发生误操作。
6	注意事项	设备标识尽量采取统一规范的格式及材质，便于通用及更换。

考核要点：

设备标识要醒目、美观、准确齐全，符合相关规范要求。

重点释义：

江苏省《水闸工程管理规程》(DB32/T 3259—2017)规定：

(1) 启闭机养护维修应符合下列基本要求：

① 供油管和排油管应敷设牢固；启闭机应编号清楚，设有转动方向指示标志。油压启闭机压力油管应涂刷或标示红色，回油管涂黄色，闸阀涂黑色，手柄涂红色，并标明液压油流向。

② 在启闭机外罩设置闸门升降方向标志。

(2) 卷扬式启闭机的养护应符合下列要求：

启闭机传动轴等转动部位应涂红色油漆，油杯宜涂黄色标志。

3.17 制度牌管理标准

管理标准：

制度牌管理标准如表 3.17 所示。

表 3.17 制度牌管理标准

序号	项目	管理标准
1	一般定义	把规章制度、组织机构、图表参数制成牌匾并上墙明示。

（续表）

序号	项目	管理标准
2	一般规定	(1) 制度牌应布局合理、尺寸规范、醒目美观，无损坏和丢失。 (2) 在启闭机房醒目位置，设置安全始流曲线，启闭机操作规程，启闭机控制原理图，工程平、剖、立面图，消防设施分布图等。 (3) 在配电间一般应有电工岗位职责、电气主接线图、配电间操作规程、工作票和操作票制度等。 (4) 在柴油发电机房一般应有机工岗位职责、柴油发电机组操作规程等。 (5) 在中控室一般应有自动化系统管理员岗位职责、自动化系统拓扑图、自动化系统操作规程、自动化系统巡视检查及维护制度等。 (6) 在档案库房一般有档案分类表、档案库房分布图等；在阅档室一般有档案管理组织机构，档案归档制度，档案保管制度，档案利用制度，档案资料借阅制度，档案统计、鉴定、移交制度，档案保密制度等。 (7) 在仓库一般有仓库保管员岗位职责、仓库管理制度等。 (8) 在食堂一般有食堂管理制度、炊事员岗位职责等。 (9) 在办公室一般有各类人员岗位职责，各类组织网络图，各类工程巡视、检查、维护工作制度等。 (10) 制度牌建议按江苏省《水闸泵站标志标牌规范》(DB32T 3839—2020)推荐的尺寸、材质、规格型号及位置制作安装。
3	检查频次	日常检查和经常性检查。
4	维修养护	一般在汛前(5 月 1 日前)、汛后(10 月 1 日后)进行维护。
5	台账资料	各管理所要有《规章制度汇编》。
6	安全事项	制度牌安装时若涉及高空及水上作业，要采取相应的安全措施。
7	注意事项	应该委托专业标牌制作单位制作制度牌，保证质量和美观。

考核要点：

1. 各类制度牌要齐全、醒目、美观，并在合适位置明示，内容无错误。
2. 要有规章制度汇编。

重点释义：

《江苏省水利工程管理考核办法(2017 年修订)》(苏水管〔2017〕26 号)规定：

水闸平、立、剖面图，电气主接线图，启闭机控制图，主要设备检修情况表及主要工程技术指标表齐全，并在合适位置明示。

3.18 土工建筑物管理标准

管理标准：

土工建筑物管理标准如表3.18所示。

表3.18 土工建筑物管理标准

序号	项目	管理标准
1	一般定义	土工建筑物指主要由土体构成的堤防、护坡等水工建筑物。
2	一般规定	(1) 堤防出现雨淋沟、浪窝、塌陷以及岸、翼墙后填土区发生跌塘、沉陷时，应随时修补夯实。 (2) 堤防发生渗漏、管涌现象时，应按照“上截、下排”原则及时进行处理。 (3) 堤防发生裂缝时，应针对裂缝特征按照下列规定处理：① 干缩裂缝、冰冻裂缝和深度小于0.5 m、宽度小于5 mm的纵向裂缝，一般可采取封闭缝口处理；② 深度不大的表层裂缝，可采用开挖回填处理；③ 非滑动性的内部深层裂缝，宜采用灌浆处理；对自表层延伸至堤(坝)深部的裂缝，宜采用上部开挖回填与下部灌浆相结合的方法处理。裂缝灌浆宜采用重力或低压灌浆，并不宜在雨季或高水位时进行；当裂缝出现滑动迹象时，则严禁灌浆。 (4) 堤防出现滑坡迹象时，应针对产生原因按照“上部减载、下部压重”和“迎水坡防渗，背水坡导渗”等原则进行处理。 (5) 堤防遭受白蚁、害兽危害时，应采用毒杀、诱杀、捕杀等方法防治；蚁穴、兽洞可采用灌浆或开挖回填等方法处理。 (6) 河床冲刷坑危及防冲槽或河坡稳定时应立即组织抢护。一般可采用抛石或沉排等方法处理；不影响工程安全的冲刷坑，可不做处理。 (7) 河床淤积影响工程效益时，应及时采用人工开挖、机械疏浚或利用泄水结合机具松土冲淤等方法清除。
3	检查频次	随着日常检查和经常性检查一起检查，水下河床利用引河断面观测成果进行分析。
4	维修养护	一般在汛前(5月1日前)、汛后(10月1日后)进行维护。
5	台账资料	要有日常巡视检查及定期检查资料。
6	安全事项	发现渗漏及管涌等现象要及时处理，防止险情扩大。
7	注意事项	对于堤防等边坡大面积滑坡，要由专业设计单位设计处理方案。

考核要点：

1. 土工建筑物是否完整，河床淤积是否影响行洪或引水。

2. 日常巡视检查及定期检查资料是否齐全。

3. 对土工建筑物处理的维修养护管理卡是否真实反映实际情况。

重点释义：

1. 江苏省《水闸工程管理规程》(DB32/T 3259—2017)规定：

(1) 堤岸及引河工程养护应符合下列要求：

① 堤(坝)及堤顶道路应经常清理，对植被进行养护，对排水设施进行疏通。

② 堤(坝)遭受白蚁、害兽危害时，应采用毒杀、诱杀、捕杀等方法防治；蚁穴、兽洞可采用灌浆或开挖回填等方法处理。

③ 应保持河面清洁，经常清理河面漂浮物。

(2) 堤岸工程维修应符合下列要求：

① 堤(坝)出现雨淋沟、浪窝、塌陷和岸、翼墙后填土区发生跌塘、沉陷时，应随时修补夯实。

② 堤(坝)发生管涌、流土现象时，应按照“上截、下排”原则及时进行处理。

③ 堤(坝)发生裂缝时，应针对裂缝特征处理，干缩裂缝、冰冻裂缝和深度≤0.5 m、宽度≤5 mm 的纵向裂缝，一般可采取封闭缝口处理；表层裂缝，可采用开挖回填处理；非滑动性的内部深层裂缝，宜采用灌浆处理；当裂缝出现滑动迹象时，则严禁灌浆。

④ 堤(坝)出现滑坡迹象时，应针对产生原因按照“上部减载、下部压重”和“迎水坡防渗，背水坡导渗”等原则进行处理。

⑤ 泥结碎石堤顶路面面层大面积破损时应翻修面层；对垫层、基层均损坏的泥结碎石路面应全面翻修；沥青路面或混凝土路面大面积破损时应全面翻修(包括垫层)。

(3) 引河工程维修应符合下列要求：

① 河床冲刷坑危及防冲槽或河坡稳定时，应立即抢护，一般可采用抛石或沉排等方法处理，不影响工程安全的冲刷坑，可不作处理。

② 河床淤积影响工程效益时，应及时采用人工开挖、机械疏浚或利用泄水结合机具松土冲淤等方法清除。

2.《江苏省水利工程管理考核办法(2017 年修订)》(苏水管〔2017〕26 号)规定：

岸坡无坍滑、错动、开裂现象；堤岸顶面无塌陷、裂缝；背水坡及堤脚完好，无渗漏；堤坡无雨淋沟、裂缝、塌陷等缺陷；堤顶路面完好；岸、翼墙后填土区无跌落、塌陷;河床无严重冲刷和淤积。

3.19 石工建筑物管理标准

管理标准:

石工建筑物管理标准如表 3.19 所示。

表 3.19 石工建筑物管理标准

序号	项目	管理标准
1	一般定义	石工建筑物指主要由块石材料构建的翼墙、护坡、挡土墙、护坦、防冲槽等水工建筑物。
2	一般规定	(1) 浆砌块石的翼墙,必须保持结构完好、表面平整,如有塌陷、隆起、勾缝脱落或开裂、倾斜、断裂等现象时,应及时修复。 (2) 浆砌、干砌块石护坡、护底,如有松动、塌陷、隆起、滑坡、底部淘空、垫层散失等现象时,应参照《水闸施工规范》(SL 27—2014)中有关规定按原状修复。 (3) 浆砌块石墙墙身渗漏严重时,可采用灌浆处理;墙身发生倾斜或有滑动迹象时,可采用墙后减载或墙前加撑等方法处理;墙基出现冒水冒沙现象时,应立即采用墙后降低地下水位和墙前增设反滤设施等办法处理。 (4) 水闸的防冲设施(防冲槽、海漫等)遭受冲刷破坏时,一般可加筑消能设施或抛石笼、柳石枕和抛石等方法处理。 (5) 水闸的反滤设施、减压井、导渗沟、排水设施等应保持畅通,如有堵塞、损坏,应予疏通、修复。
3	检查频次	随着日常检查和经常性检查一起检查,水下检查每 2 年开展一次。
4	维修养护	一般在汛前(5 月 1 日前)、汛后(10 月 1 日后)进行维护。
5	台账资料	要有日常巡视检查及定期检查资料。
6	安全事项	对大体积的翼墙、挡土墙结构修复时,要由有资质单位进行稳定计算,防止建筑物失稳造成事故。
7	注意事项	注意对水下部分的定期检查,动态掌握水下部分建筑物情况。

考核要点:

1. 石工建筑物是否完整,反滤、导渗、排水设施是否正常。
2. 日常巡视检查及定期检查资料是否齐全。
3. 对石工建筑物处理的维修养护管理卡是否真实反映实际情况。

重点释义：

1. 江苏省《水闸工程管理规程》(DB32/T 3259—2017)规定：

砌石工程维修应符合下列要求：

① 砌石护坡、护底遇有松动、塌陷、隆起、底部淘空、垫层散失等现象时，应参照《水闸施工规范》(SL 27—2014)中有关规定按原状修复。施工时应做好相邻区域的垫层、反滤、排水等设施。

② 浆砌石工程墙身渗漏严重的，可采用灌浆、迎水面喷射混凝土(砂浆)或浇筑混凝土防渗墙等措施。浆砌石墙基出现冒水冒沙现象，应立即采用墙后降低地下水位和墙前增设反滤设施等办法处理。

③ 水闸的防冲设施(防冲槽、海漫等)遭受冲刷破坏时，一般可加筑消能设施或抛石笼、柳石枕和抛石等方法处理。

2.《江苏省水利工程管理考核办法(2017 年修订)》(苏水管〔2017〕26 号)规定：

砌石结构表面整洁；砌石护坡、护底无松动、塌陷、缺损等缺陷；浆砌块石墙身无渗漏、倾斜或错动，墙基无冒水、冒沙现象；防冲设施(防冲槽、海漫等)无冲刷破坏。

3.20 混凝土建筑物管理标准

管理标准：

混凝土建筑物管理标准如表 3.20 所示。

表 3.20 混凝土建筑物管理标准

序号	项目	管理标准
1	一般定义	以混凝土为主要组成材料的水工建筑物各部位，如闸墩、排架、交通桥、工作桥、便桥、底板、护坡、消力池、护坦、翼墙、挡土墙等包括有筋或无筋的均称为混凝土建筑物。

（续表）

序号	项目	管理标准
2	一般规定	(1) 混凝土建筑物表面应保持清洁完好，积水、积雪应及时排除；门槽、闸墩等处如有苔藓、蚧贝、污垢等应予清除。闸门槽、底坎等部位淤积的砂石、杂物应及时清除，底板、消力池、门库范围内的石块和淤积物应结合水下检查定期清除。 (2) 岸墙、翼墙、挡土墙上的排水孔及公路桥、工作便桥拱下的排水孔均应保持畅通。公路桥、工作桥和工作便桥桥面应定期清扫，工作桥桥面排水孔的泄水应防止沿板和梁漫流。 (3) 公路桥、工作便桥的拱圈和工作桥的梁板构件，其表面应因地制宜地采取适当的保护措施，一般可采用环氧厚浆等涂料进行封闭防护，如发现涂料老化、局部损坏、脱落、起皮等现象，及时修补或重新封闭。 (4) 钢筋的混凝土保护层受到冻蚀、碳化侵蚀而损坏时，应根据侵蚀情况分别采用涂料封闭、高标号砂浆或环氧砂浆抹面或喷浆等措施进行修补，应严格控制修补质量。 (5) 混凝土结构脱壳、剥落或遭机械损坏时，可采取下列修补措施，并严格控制修补质量：① 混凝土表面脱壳、剥落或局部损坏，可采用水泥砂浆修补；② 虽局部损坏，但损坏部位有防腐、抗冲要求，可用环氧砂浆或高标号水泥砂浆等修补；③ 损坏面积大、深度深的，可用浇混凝土、喷混凝土、喷浆等方法修补；④ 为保证新老材料结合坚固，在修补之前对混凝土表面凿毛并清洗干净，有钢筋的应进行除锈。 (6) 混凝土建筑物出现裂缝后，应加强检查观测，查明裂缝性质、成因及其危害程度，据此确定修补措施。混凝土的微细表面裂缝、浅层缝及缝宽小于裂缝宽度允许值时（内河淡水区：水上0.2 mm，水位变动区 0.25 mm，水下 0.30 mm；沿海海水区：水上0.2 mm，水位变动区 0.20 mm，水下 0.30 mm），可不予处理或采用涂料封闭。缝宽大于允许值时，则应分别采用表面涂抹、表面贴补玻璃丝布、凿槽嵌补柔性材料后再抹砂浆、喷浆或灌浆等措施进行修补。 (7) 裂缝应在基本稳定后修补，不宜在低温季节时进行。不稳定裂缝应采用柔性材料修补。 (8) 混凝土结构的渗漏，应结合表面缺陷或裂缝进行处理，并应根据渗漏部位、渗漏量大小等情况，分别采用砂浆抹面或灌浆等措施。 (9) 伸缩缝填料如有流失，应及时填充。止水设施损坏，可用柔性化学材料灌浆，或重新埋设止水予以修复。 (10) 位于水下的闸底板、闸墩、岸墙、翼墙、铺盖、护坦、消力池等部位，如发生表层剥落、冲坑、裂缝、止水设施损坏，应根据水深、部位、面积大小、危害程度等不同情况，选用钢围堰、气压沉柜等设施进行修补，或由潜水员进行水下修补。
3	检查频次	随着日常检查和经常性检查一起检查，其中水下部分一般每 2 年检查一次。
4	维修养护	一般在汛前（5 月 1 日前）、汛后（10 月 1 日后）进行维护。

（续表）

序号	项目	管理标准
5	台账资料	要有日常巡视检查及定期检查资料。
6	安全事项	对关键部位的混凝土构件修复时，要由有资质单位进行强度及稳定计算，防止建筑物失稳造成事故。
7	注意事项	注意对水下部分的定期检查，动态掌握水下部分混凝土的情况。

考核要点：

1. 混凝土建筑物是否完整，有无麻面、蜂窝、空洞及锈胀裂缝和渗漏水情况。

2. 日常巡视检查及定期检查资料是否齐全。

3. 对混凝土建筑物处理的维修养护管理卡是否真实反映实际情况。

重点释义：

1. 江苏省《水闸工程管理规程》(DB32/T 3259—2017)规定：

(1) 混凝土及砌石工程养护应符合下列要求：

① 应经常清理建筑物表面，保持清洁整齐，积水、积雪应及时排除；门槽、闸墩等处如有散落物、杂草或杂物、苔藓、蚧贝、污垢等应予清除。闸门槽、底坎等部位淤积的砂石、杂物应及时清除，底板、消力池、门库范围内的石块和淤积物应定期清除。

② 岸墙、翼墙和挡土墙上的排水孔以及空箱岸(翼)墙的进水孔、排水孔、通气孔等均应保持畅通。空箱岸(翼)墙内淤积应适时清除。公路桥、工作桥和工作便桥桥面应定期清扫，保持桥面排水孔泄水畅通。排水沟杂物应及时清理，保持排水畅通。

③ 应及时修复建筑物局部破损。

④ 反滤设施、减压井、导渗沟及消力池、护坦上的排水井(沟、孔)或翼墙、护坡上的排水管应保持畅通，如有堵塞、损坏，应予疏通、修复；反滤层淤塞或失效应重新补设排水井(沟、孔、管)。

⑤ 永久伸缩缝填充物老化、脱落、流失应及时充填封堵。沥青井的井口(出流管、盖板等)应经常保养，并按规定加热、补灌沥青。永久伸缩缝处理，按其所处部位、原止水材料以及承压水头选用相应的修补方法。

⑥ 应及时打捞、清理闸前积存的漂浮物。

(2) 混凝土工程维修应符合下列要求：

① 水闸的混凝土结构严重受损，影响安全运用时，应拆除并修复损坏部分。

在修复消力池底板、护坦等工程部位混凝土结构时，重新敷设垫层（或反滤层）；在修复翼墙部位混凝土结构时，重新做好墙后回填、排水及其反滤体。

② 混凝土结构承载力不足的，可采用增加断面、改变连接方式、粘贴钢板或碳纤维布等方法补强、加固。

③ 混凝土裂缝处理，应考虑裂缝所处的部位及环境，按裂缝深度、宽度及结构的工作性能，选择相应的修补材料和施工工艺，在低温季节裂缝开度较大时进行修补。渗（漏）水的裂缝，应先堵漏，再修补。表层裂缝宽度小于表 3.21 规定的最大裂缝宽度允许值时，可不予处理或采用表面喷涂料封闭保护；表层裂缝宽度大于表 3.21 规定的最大裂缝宽度允许值时，宜采用表面粘贴片材或玻璃丝布、开槽充填弹性树脂基砂浆或弹性嵌缝材料进行处理；深层裂缝和贯穿性裂缝，为恢复结构的整体性，宜采用灌浆补强加固处理；影响建筑物整体受力的裂缝，以及因超载或强度不足而开裂的部位，可采用粘贴钢板或碳纤维布、增加断面、施加预应力等方法补强加固。

表 3.21　钢筋混凝土结构最大裂缝宽度允许值

区域	水上区（mm）	水位变动区（mm）	水下区（mm）
内河淡水区	0.20	0.25	0.30
沿海海水区	0.20	0.20	0.30

④ 混凝土渗水处理，可按混凝土缺陷性状和渗水量，采取相应的处理方法：混凝土淘空、蜂窝等形成的漏水通道，当水压力＜0.1 MPa 时，可采用快速止水砂浆堵漏处理；当水压力≥0.1 MPa 时，可采用灌浆处理；混凝土抗渗性能低，出现大面积渗水时，可在迎水面喷涂防渗材料或浇筑混凝土防渗面板进行处理；混凝土内部不密实或网状深层裂缝造成的散渗，可采用灌浆处理；混凝土渗水处理，也可采用经过技术论证的其他新材料、新工艺和新技术。

⑤ 修补混凝土冻融剥蚀，应先凿除损伤的混凝土，再回填满足抗冻要求的混凝土（砂浆）或聚合物混凝土（砂浆）。混凝土（砂浆）的抗冻等级、材料性能及配比，应符合国家现行有关技术标准的规定。

⑥ 钢筋锈蚀引起的混凝土损害，应先凿除已破损的混凝土，处理锈蚀的钢筋，损害面积较小时，可回填高抗渗等级的混凝土（砂浆），并用防碳化、防氯离子和耐其他介质腐蚀的涂料保护，也可直接回填聚合物混凝土（砂浆）；损害面积较大、施工作业面许可时，可采用喷射混凝土（砂浆），并用涂料封闭保护；回填各种混凝土（砂浆）前，应在基面上涂刷与修补材料相适应的基液或界面黏结剂；修补被氯离子侵蚀的混凝土时，应添加钢筋阻锈剂。

⑦ 混凝土空蚀修复，应首先清除造成空蚀的条件（如体形不当、不平整度超标及闸门运用不合理等），然后对空蚀部位采用高抗空蚀材料进行修补，如高强

硅粉钢纤维混凝土(砂浆)、聚合物水泥混凝土(砂浆)等,对水下部位的空蚀,也可采用树脂混凝土(砂浆)进行修补。

⑧ 混凝土表面碳化处理,应按不同的碳化深度采用相应的措施,碳化深度接近或超过钢筋保护层时,可按本标准相关条款进行处理;碳化深度较浅时,应首先清除混凝土表面附着物和污物,然后喷涂防碳化涂料封闭保护。

⑨ 混凝土表面防护,宜在混凝土表面喷涂涂料,预防或阻止环境介质对建筑物的侵害。如发现涂料老化、局部损坏、脱落、起皮等现象,应及时修补或重新封闭。

⑩ 位于水下的闸底板、闸墩、岸墙、翼墙、铺盖、护坦、消力池等部位,如发生表层剥落、冲坑、裂缝、止水设施损坏,应根据水深、部位、面积大小、危害程度等不同情况,选用钢围堰、气压沉柜等设施进行修补,或由潜水人员采用特种混凝土进行水下修补。

⑪ 混凝土建筑物修补施工技术要求参考《水闸技术管理规程》(SL 75—2014)及相关规范。

2.《江苏省水利工程管理考核办法(2017 年修订)》(苏水管〔2017〕26 号)规定:

混凝土结构表面整洁;对破损、露筋、裂缝、剥蚀、严重碳化等现象采取保护措施及时修补;消能设施完好;闸室无漂浮物。

3.21 房屋管理标准

管理标准:

房屋管理标准如表 3.22 所示。

表 3.22 房屋管理标准

序号	项目	管理标准
1	一般定义	房屋是指水闸管理单位生产、生活房屋建筑,一般包括调度中心、办公楼、职工宿舍等。
2	一般规定	(1) 房屋结构完好,墙体完好、整洁,无开裂、缺损现象。 (2) 装饰涂料或贴面材料完好,色彩协调,无脱落现象。 (3) 门窗完好,开关灵活、密封,无渗水现象。 (4) 屋面防水层、隔热层完好,无渗水现象。 (5) 改变重要房屋的性质和用途时要委托设计单位进行评价论证,满足使用要求后方可改变,否则需重新设计改造。 (6) 对重要房屋要进行沉降、变形观测,通过有资质单位计算复核判断房屋的安全状态;对不符合抗震及强度或稳定的房屋采取加固措施。

（续表）

序号	项目	管理标准
3	检查频次	随着日常检查和经常性检查一起检查。
4	维修养护	一般在汛前(5 月 1 日前)、汛后(10 月 1 日后)进行维护。
5	台账资料	要有定期检查资料。
6	安全事项	对房屋关键部位修复时，要由有资质单位进行强度及稳定性计算，防止建筑物失稳造成事故。
7	注意事项	(1) 房屋的主体结构为检查及维护的重点。 (2) 房屋装饰装修时不要拆除或损坏房屋的主要受力构件。

考核要点：

1. 房屋有无较大不均匀沉降，有无漏雨及损坏，有无墙体开裂，有无主体结构裂缝。

2. 定期检查资料是否齐全。

3. 对房屋维护的维修养护管理卡是否真实反映实际情况。

重点释义：

江苏省《水闸工程管理规程》(DB32/T 3259—2017)规定：

控制室、启闭机房等房屋建筑地面、墙面应完好、整洁、美观，通风良好，无渗漏。

3.22 道路管理标准

管理标准：

道路管理标准如表 3.23 所示。

表 3.23 道路管理标准

序号	项目	管理标准
1	一般定义	道路是供车辆和行人通行的基础设施，一般指水闸管理范围内防汛道路。

（续表）

序号	项目	管理标准
2	一般规定	(1) 设专人负责道路的卫生清扫，达到无积水、积油、积灰、杂物，确保道路平整、完好、畅通无阻。 (2) 主要道路应划中心隔离线；穿越道路的管沟，应在道路边设标示牌，标明管沟类别及警示性说明。 (3) 道路路灯按时开、关；及时修复损毁的照明设施，达到有灯必亮。 (4) 因工程施工，影响道路通行时要经批准并采取适宜的安全措施并在有人监管的情况下进行，直至工程施工结束。 (5) 对损坏的道路应及时提出修复方案，经批复后组织实施。 (6) 因生产或生活需要（如新建管道横穿道路、管道维修等）须损坏道路时，须经申请批准后实施。 (7) 对损坏的道路、路缘石、道路标牌、井盖板、路灯及绿化带等需及时组织修复。 (8) 对道路进行修复或改造过程中，不得侵占和损坏两旁的绿化带或其他场所；施工现场保持清洁，不能污染环境。 (9) 禁止在道路或硬化地面上搅拌混凝土或砂浆及存放、堆放易污染地面的材料。 (10) 车辆必须按指定位置停靠，不得随意停靠在路上影响交通；不允许超载车辆上道路行驶。
3	检查频次	随着日常检查和经常性检查一起检查。
4	维修养护	一般在汛前(5月1日前)、汛后(10月1日后)进行维护。
5	台账资料	日常巡视检查及定期检查情况记入“其他”栏。
6	安全事项	破断道路时需增设明显的警示标志牌及警示灯，防止夜间行人或车辆受到伤害。
7	注意事项	道路的设计和施工，要根据使用要求由有资质单位设计和施工。

考核要点：

1. 道路是否完好、整洁，有无杂物堆放及排水不畅现象。
2. 道路的维修养护管理卡是否真实反映实际情况。

重点释义：

江苏省《水闸工程管理规程》(DB32/T 3259—2017)规定：

管理区道路和对外交通道路应经常养护，保持通畅、整洁、完好。

3.23 园林绿化管理标准

管理标准：

园林绿化管理标准如表 3.24 所示。

表 3.24 园林绿化管理标准

序号	项目	管理标准
1	一般定义	在一定的地域运用工程技术和艺术手段，通过改造地形种植树木花草等途径形成的自然环境和游憩境域。
2	一般规定	(1) 对园林植物经常采取灌溉、排涝、修剪、防治病虫、防寒、支撑、除草、施肥等管理措施。 (2) 绿化养护技术措施完善，管理得当，植物配置科学合理，做到黄土不露天。 (3) 园林植物生长健壮，新建绿地各种植物 2～3 年内达到正常状态。 (4) 园林树木树冠完整美观，分枝点合适，枝条粗壮、无枯枝死杈；主侧枝分布匀称、数量适宜、修剪科学合理；内膛不乱，通风透光。花灌木开花及时，株型丰满，花后修剪及时合理。绿篱、色块等修剪及时，枝叶茂密，整齐一致，整形树木造型雅观。行道树无缺株，绿地内无死树。 (5) 花坛、花带轮廓清晰，整齐美观，色彩艳丽，无残缺，无残花败叶。 (6) 草坪及地被植物整齐，覆盖率 90%以上，草坪内无杂草。 (7) 绿地整洁，无杂物、无白色污染，对绿化生产垃圾（如树枝、树叶、草屑等）、绿地内水面杂物，做到日产日清。 (8) 绿地完整，无堆物、堆料、搭棚，树干上无栓钉刻画等现象。行道树下距树干 2 m 范围内无堆物、堆料、圈栏或搭棚设摊等影响树木生长和养护管理现象。 (9) 栏杆、园路、桌椅、路灯、井盖和标牌等园林设施完整、齐全、维护及时。
3	检查频次	随着日常检查和经常性检查一起检查。
4	维修养护	一般在全年各时段内均应按园林绿化相关要求进行维护。
5	台账资料	超过 30 年的树木应建立档案，建立植物品种及数量统计表。
6	安全事项	用农药防治病虫害时要采取妥当防护措施，防止个人农药中毒。
7	注意事项	干旱季节对需水较大的植物及时浇灌水；对易受淹的植物做好雨后排涝事宜。

考核要点：

1. 绿化的生长势及覆盖率是否满足要求，有无病虫害现象。
2. 绿地内有无垃圾及污染物，是否有杂物堆积。
3. 绿化养护是否规范到位。

重点释义：

《江苏省城市园林植物养护技术规范》规定：

(1) 各类植物凡种植一年以上的，其保存率应达到98%，受自然灾害或环境污染等原因而死亡的除外。

(2) 灌溉与排水：各类绿地应有各自完整的灌溉与排水系统。应根据不同树种和不同的条件进行适期、适量的灌溉，保持土壤中的有效水分。夏季浇水宜早、晚进行；冬季浇水宜在中午进行。浇水要一次浇透，特别是春、夏季节。树木周围雨后积水应及时排除。

(3) 除草：使用化学除草剂必须保证园林植物的安全，不对其产生危害；除掉的杂草要及时清理，运走、掩埋或异地制作肥料。

(4) 施肥：树木休眠期和种植前，需施基肥。生长期可按植株的生长势施追肥，花灌木应在花前、花后进行施肥。各类绿地应以施有机肥为主，有机肥应腐熟后施用。应用微量元素和根外施肥技术，推广应用复合肥料和长效缓释肥料。

(5) 修剪整形：修剪能调整树形，均衡树势，调节树木通风透光和肥水分配，促使树木生长茁壮。整形是通过人为的手段使植株形成特定的形态。各类绿地中的乔木和灌木修剪以自然树形为主，凡因观赏要求对树木整形，可根据树木生长发育的特性，将树冠或树体培养成一定形状。修剪剩余物要及时清理干净，保证作业现场的洁净。

(6) 草坪：草坪覆盖面不得少于95%，应控制病虫害，及时挑除杂草，保证草坪色泽正常、生长良好、无明显杂草，空秃地段应及时补植。草坪在生长季节，应按三分之一原则适时进行修剪，保持一定的高度。修剪后的高度冷季型宜为60～80 mm，夏季可控制在80～100 mm；暖季型宜为50～70 mm，修剪要平整，边角无遗留，草屑应及时运出、除净。暖季型草坪秋季最后一次修剪需重修。观赏型草坪严禁进入践踏，草坪萌芽期、土壤地湿或板结浇水后暂停开放。

(7) 花卉：花卉生长盛期要及时松土除草，施追肥后立即喷洒清水，并做好病虫害的防治工作。选择生长健壮的花苗移栽，花苗需带花苞方可移栽，枯萎的花蒂和黄叶要及时修剪，缺株要及时补栽，保持花坛的清洁、完整。木本花卉应及时整枝、整形；宿根、球根花卉要及时更新，易倒伏的花卉要立柱绑扎。

(8) 防治病虫害:维护生态平衡,充分利用园林植物的多样化来保护和整治天敌,防治病虫害,贯彻"预防为主,综合防治"的原则。做好园林植物病虫害的预测、预报工作,密切注意周边地区的病虫害发生情况,制订好防治计划。加强观察,局部发生严重病虫害的地区必须及时治理,以防止扩大蔓延。

4 工作管理标准

4.1 调度指令工作标准

工作标准：

调度指令工作标准如表4.1所示。

表4.1 调度指令工作标准

序号	项目	工作标准
1	一般定义	水闸调度是指按照水闸所承担的任务及规定的调度原则，有计划地调节水位和过闸流量的措施和工作。
2	一般规定	(1) 水闸工程管理单位应根据水闸规划设计要求和防汛防旱调度方案制定水闸控制运用方案，按年度或分阶段制订控制运用计划，报上级主管部门批准后执行。 (2) 水闸运用应按上级主管部门的调度指令、用水计划或批准的控制运用方案进行，不得接受其他任何单位和个人的指令。指令应详细记录、复核，执行完毕后及时上报，留存水闸操作运行记录。承担水文测报任务的单位应及时发送水情信息。 (3) 当水闸需要超标准运用时，应进行充分的分析论证和复核，提出可行的运用方案，报上级主管部门批准后施行。 (4) 在保证工程安全、不影响工程效益发挥的前提下，可照顾通航、当地渔业、小型水力发电和生态环境用水等。 (5) 根据工程现状，水闸管理单位每年必须修订防洪预案和反事故预案，并报上级主管部门批准。
3	运用原则	(1) 统筹兼顾兴利与除害、经济效益与社会效益及生态环境效益，综合考虑相关行业、部门的要求。 (2) 综合利用水资源、服从流域或区域防洪调度。 (3) 按照有关规定和协议合理运用，与上游、下游和相邻有关工程密切配合运用。

（续表）

序号	项目	工作标准
4	运用依据	(1) 上游、下游最高水位和最低水位。 (2) 最大过闸流量，相应单宽流量及上游、下游水位。 (3) 最大水位差及相应的上游、下游水位。 (4) 上游、下游河道的安全运行水位和流量。 (5) 兴利水位和流量。
5	注意事项	(1) 调度指令采用书面形式，并逐条编号。 (2) 执行运行管理各项工作制度及岗位责任制，严格执行调度指令。 (3) 汛期及运行期实行 24 小时值班，密切注意水情，及时掌握水文、气象和洪水、旱情预报。 (4) 加强工程维护，保持设施完好、通信畅通。 (5) 加强工程检查观测和运行情况巡视检查，对影响安全运行的险情，应及时汇报，并按照应急预案组织抢修。

考核要点：

1. 水闸控制运用计划或调度方案是否编制并报批。

2. 水闸调度指令是否按规定执行并有操作运行记录。

3. 是否严格按照水闸操作运行规程执行。

重点释义：

1. 江苏省《水闸工程管理规程》(DB32/T 3259—2017)规定：

(1) 上、下游引河有淤积的水闸，应优化水源调度，并采取妥善的运用方式防淤、减淤。

(2) 水闸工程管理单位可向签订协议的单位通报有关水情。

(3) 多孔水闸、多台启闭机均应按面向下游、自左向右的原则进行编号，标志应明显、清晰。

(4) 水闸泄流时，应防止船舶和漂浮物影响闸门启闭或危及闸门、建筑物安全。

(5) 控制运用记录、调度记录、水闸值班记录、闸门启闭记录、柴油发电机运转记录、配电房操作记录等可参照《水闸工程管理规程》(DB32/T 3259—2017)附录 A 表式填写。

2.《江苏省水利工程管理考核办法(2017 年修订)》(苏水管〔2017〕26 号)规定：

要制定水闸控制运用计划或调度方案；按控制运用计划或上级主管部门的

指令组织实施;操作运行规范。

3. 应有运行值班制度以及闸门、启闭机操作运行规程。

4. 调度指令的下达与接受、执行要有详细记录,记录内容包括:发令人、受令人、指令内容、指令下达时间、指令执行时间及指令执行情况等。

5. 每年应对工程运行情况进行统计。

6. 水闸管理单位接到引水指令时,应根据需水要求和水源情况,有计划地进行引水。密切关注水位涨落趋势,防止工程超标准运行以及超量引水或水量倒流。

7. 汛期和非汛期工程运行期间各工程单位应随时检查电话、网络等通信设施,保持24小时通信畅通,若遇故障应及时通知相关部门修复。

8. 通航孔的使用应遵循下列规定:

(1) 设有通航孔的水闸,应以完成设计规定的任务为主,兼顾通航。

(2) 开闸通航宜充分利用白天时间进行,通航时,应以保证通航和建筑物安全为原则。

(3) 遇有大风、大雾、大雪、暴雨等恶劣天气时,应停止通航。

(4) 因防汛、防旱和工程检修等需要停止通航时,应经上级主管部门批准。

4.2 闸门运行工作标准

工作标准:

闸门运行工作标准如表4.2所示。

表4.2 闸门运行工作标准

序号	项目	工作标准
1	一般定义	闸门运行是指通过闸门的启闭,调节上、下游水位和流量以及排除漂浮物、泥沙等,或者为相关建筑物和设备检修提供必要条件,具有挡水、泄水的双重作用。
2	一般规定	(1) 过闸流量应与上、下游水位相适应,使水跃发生在消力池内;当初始开闸或较大幅度增加流量时,应分次开启,每次泄放的最大流量、闸门开启高度应分别根据"始流时闸下安全水位-流量关系曲线""闸门开高-水位-流量关系曲线"确定。 (2) 过闸水流应平稳,避免发生集中水流、折冲水流、回流、漩涡等不良流态。 (3) 关闸或减少过闸流量时,应避免下游河道水位下降过快。 (4) 闸门启闭过程中,应避免停留在易发生振动的位置。

(续表)

序号	项目	工作标准
2	一般规定	(5) 闸门开启后,应观察上、下游水位和流态,核对流量与闸门开度。 (6) 多孔闸门按设计要求或运行操作规程进行启闭,没有专门规定的应同时均匀启闭,不能同时启闭的,应由中间孔向两侧依次对称开启,由两侧向中间孔依次对称关闭。 (7) 多孔挡潮闸闸下河道淤积严重时,可开启单孔或少数孔闸门进行适度冲淤,并加强观测,防止消能防冲设施遭受损坏。 (8) 双层孔口或上、下扉布置的闸门,应先开启底层或下扉的闸门,再开启上层或上扉的闸门,关闭时顺序相反。
3	安全事项	(1) 检查上、下游管理范围和安全警戒区内有无船只、漂浮物或其他影响闸门启闭或危及闸门、建筑物安全的施工作业,并进行妥善处理。 (2) 检查闸门启、闭状态,有无卡阻、淤积。 (3) 检查启闭设备、监控系统及供电设备是否符合运行要求。 (4) 当大流量引水时,工作桥或工作便桥上应派专人观察,发现异常情况及时停机处理。
4	注意事项	(1) 应由持有上岗证的闸门运行工或熟练掌握操作技能的技术人员进行操作、监护,做到准确及时。 (2) 有锁定装置的闸门,闭门前锁定装置应处于打开状态;采用移动式启闭方式的闸门开启时,待锁定可靠后,才能进行下一孔操作。 (3) 闸门进行启闭转向时,应先按停止按钮,然后才能按反向按钮运行。启闭机电气控制回路应具有防止误操作保护功能。 (4) 闸门启闭过程中应加强巡查,如发现超载、卡阻、倾斜、杂音等异常情况,如闸门倾斜、振动,启闭机、液压系统或油缸声音异常,电动机超负荷等,应及时关停检查并处理。 (5) 闸门开启接近最大开度或关闭接近闸底板面时,应加强观察,及时关停。卷扬式启闭机采用点按关停,严禁松开制动器使闸门自由下落;遇有闸门关闭不严情况,应查明原因并进行处理,螺杆启闭机严禁强行顶压。

考核要点:

1. 操作票执行情况、闸门运行记录情况。

2. 闸门运行过程中执行上级主管部门(含授权部门)调度指令或批准的控制运用原则、计划、协议等台账情况。

3. 各项制度、预案、规程和规范执行情况。

重点释义：

1. 江苏省《水闸工程管理规程》(DB32/T 3259—2017)规定：

(1) 涵洞式水闸运行应避免洞内长时间处于明满流交替状态。

(2) 闸门运用应填写启闭记录，记录内容包括：启闭依据、操作时间、操作人员、启闭顺序、闸门开度及历时、启闭机运行状态、上下游水位、流量、流态、异常或事故处理情况等。

(3) 采用计算机监控、视频监视的水闸，应按照设定相应的操作程序，设置操作权限。操作完成后应留存操作记录。

(4) 电动、手摇两用启闭机人工操作前，应先断开电源；闭门时严禁松开制动器使闸门自由下落；闸门操作结束时，应立即取下摇柄或断开离合器。

(5) 两台启闭机启闭一扇闸门的，应严格控制保持同步。一台启闭机控制多扇闸门的，闸门开高应保持相同。

(6) 液压启闭机启闭闸门到达预定位置，应注意控制油压。

(7) 水闸工程管理单位应制订冬季管理计划，做好防冻、防冰凌的准备工作，备足所需物资。

(8) 冰冻期间应采取防冻措施，防止建筑物及闸门受冰压力作用以及冰块的撞击而损坏；闸门启闭前，应采取措施，消除闸门周边和运转部位的冻结。

2. 闸门启闭结束后，应核对启闭高度、孔数，观察上下游流态，并填写启闭记录，内容包括：启闭依据、操作人员、操作时间、启闭顺序及历时、水位、流量、流态、闸门开高、启闭设备运行情况等。

3. 水闸自动控制操作要求

(1) 系统应由专业人员操作，无关人员不得随意出入控制中心并操作系统。

(2) 开机前应检查设备、电源、信号等是否正常。

(3) 启闭闸门时，时刻观察闸门监控情况，如发生系统故障或其他意外情况时，立即关闭自动控制，采取手动操作。

4.3 汛前工作工作标准

工作标准：

汛前工作的工作标准如表 4.3 所示。

表 4.3　汛前工作的工作标准

序号	项目	工作标准
1	一般定义	汛前工作是指每年 5 月 1 日前做好水利工程检查观测、维修养护、防汛物资管理等工作，确保工程安全度汛，充分发挥工程防洪减灾效益。
2	一般规定	(1) 进行汛前工程检查观测，做好设备保养工作。 (2) 制定各项汛期工作制度和汛期工作计划，落实各项防汛责任制。 (3) 根据工情、水情变化情况，修订工程防洪预案；对可能发生的险情，拟定抢护方案。 (4) 检查和补充机电设备备品备件、防汛抢险器材和物资。 (5) 检查通信、照明、备用电源、起重、运输设备等是否完好。 (6) 清除管理范围内上下游河道的行洪障碍物，保证水流畅通。 (7) 按批准的岁修、急办项目计划，完成度汛应急工程。
3	工作要求	(1) 全面落实汛前检查责任制。 (2) 全面查清工程状况。 (3) 强化对非工程措施的检查。 (4) 认真修订完善各类应急预案。 (5) 认真处理检查发现的问题。
4	注意事项	(1) 汛前工作应在 4 月底前完成。 (2) 汛前应对建筑物以及闸门、启闭机、备用电源、监控系统等进行检查和试运行。 (3) 电气设备应按规定进行预防性试验，试验内容和周期应符合有关规定。 (4) 对汛前检查中发现的问题提出处理意见并及时进行处理，对影响安全度汛而又无法在汛前解决的问题，应制定相应的度汛应急预案。 (5) 对影响安全运行的险情，应及时汇报，并按照应急预案组织抢修。

考核要点：

1. 汛前工作责任制落实情况、安全度汛措施落实情况。

2. 检查观测、维修养护以及防汛物资管理、预案修订、防汛演练培训等工作是否详细部署实施。

3. 汛前检查问题是否整改到位。

重点释义：

1. 江苏省《水闸工程管理规程》(DB32/T 3259—2017)规定：

汛前工作着重检查建筑物、设备和设施的最新状况，养护维修工程和度汛应急工程完成情况，安全度汛存在问题及措施，防汛工作准备情况，汛前检查应结合保养工作同时进行。

2. 汛前工作要着重检查岁修工程和度汛应急工程完成情况，安全度汛存在问题及措施，防汛工作准备情况。

3. 汛前检查应结合保养工作同时进行。主要包括对供电、配电及主机组、辅机设备、高低压电气设备、闸门、启闭机、自动化系统等进行检查和试运行；对土石方工程、水下建筑物、通信设施、河道、水流形态等进行详细检查。

4. 组织专门力量，成立汛前检查工作小组，明确各类水利工程汛前检查行政责任人和技术责任人。按照“谁检查、谁负责”的原则，强化汛前检查工作责任制和责任追究制度，检查责任人对检查结果全面负责。

5. 组织对涵闸工程进行全面检查，查清工程险工隐患和防汛薄弱环节，有效落实各项安全度汛措施，确保工程安全度汛。

6. 做好防汛指挥系统的维护管理和升级工作，保证系统正常运行；做好防汛物资、器材、设备等储备和管理工作；做好防汛通信、预警及水文设施的维护保养工作，确保各类设施正常运行；做好防汛抗旱演练、培训以及设备维修保养工作。

7. 结合雨水情、工情变化和汛前检查中发现的情况，按照有关预案编制大纲规定要求，进一步修订完善各类防汛、防旱、防台风应急预案。在汛前将所有预案汇编成册，报上级防汛部门备案。

8. 认真梳理检查发现的问题，分析原因，研究对策，对各类险工患段要制定消险措施。对暂不能处理的，逐一落实度汛应急措施，明确责任单位和责任人，确保工程度汛安全。对管理范围内各类违章建筑物、构筑物、阻水设施，按照“谁设障、谁清除”原则，制定清障实施计划和方案，明确责任人和时限，确保清障及时到位。

4.4 日常检查工作标准

工作标准：

日常检查工作标准如表 4.4 所示。

表 4.4 日常检查工作标准

序号	项目	工作标准
1	一般定义	日常检查是指对水闸的日常巡视和检查，包括日常巡视和经常检查。

（续表）

序号	项目	工作标准
2	检查内容	(1) 日常巡视主要对水闸管理范围内的建筑物、设备、设施、管理范围等进行巡视、查看，对运行机电设备定时巡视检查并记录运行参数。 (2) 日常巡视一般包括以下内容：建筑物、设备设施是否完好；工程运行状态是否正常；是否有影响水闸安全运行的障碍物；管理范围内有无违章建筑和危害工程安全的活动；工程环境是否整洁；水体是否受到污染。 (3) 经常检查主要对建筑物各部位、闸门、启闭机、机电设备、观测设施、通信设施、管理设施及管理范围内的河道、堤防和水流形态等进行检查。 (4) 经常检查一般包括以下内容：闸室混凝土有无损坏和裂缝，房屋是否完好，伸缩缝填料有无流失，工作桥、交通桥面排水是否通畅；堤防、护坡是否完好，排水是否畅通，有无雨淋沟、塌陷、缺损等现象；翼墙有无损坏、倾斜和裂缝，伸缩缝填料有无流失；启闭机有无渗油，外观及罩壳是否完好。钢丝绳排列是否正常，有无明显的变形等不正常情况；闸门有无振动、漏水现象，闸下流态、水跃形式是否正常；电气设备运行状况是否正常，电线、电缆有无破损，开关、按钮、仪表、安全保护装置等动作是否灵活、准确可靠；观测设施、管理设施是否完好，使用是否正常；通信设施运行状况是否正常；拦河设施是否完好，是否有影响水闸安全运行的障碍物；管理范围内有无违章建筑和危害工程安全的活动；工程环境是否整洁；水体是否受到污染等。
3	检查频次	(1) 日常巡视每日不少于1次。 (2) 经常检查应符合下列要求：工程建成5年内，每周检查不少于2次；5年后可适当减少次数，每周检查不少于1次；汛期应增加检查次数；水闸在设计水位运行时，每天至少检查1次，超设计标准运行时应增加检查频次；当水闸处于泄水运行状态或遭受不利因素影响时，对容易发生问题的部位加强检查观察。
4	台账资料	(1) 水闸日常检查时，工作人员应随身携带记录本，现场填写记录，及时整理检查资料。 (2) 日常巡视应填写日常巡视记录表；经常检查应填写经常检查记录表。
5	注意事项	(1) 遇有违章建筑和危害工程安全的活动要及时制止；工程运用出现异常情况时，及时采取措施进行处理，并及时上报。 (2) 日常检查一般要求两人以上。

考核要点：

1. 检查频次是否符合要求。
2. 检查内容是否齐全，有无漏项。
3. 记录台账是否齐全、完整、认真、规范。

重点释义：

1. 江苏省《水闸工程管理规程》(DB32/T 3259—2017)规定：

水闸日常检查应填写记录，及时整理检查资料。日常检查记录、日常巡视记录、经常检查记录按有关表式填写。

2.《江苏省水利工程管理考核办法(2017 年修订)》(苏水管〔2017〕26 号)规定：

按规定周期对工程及设施进行日常检查，检查内容全面，记录详细规范。

3. 巡查线路能涵盖管理范围内的工程建筑物、闸门、机电设备，线路尽可能简捷，无重复或少重复。

4. 影响水闸安全运行的障碍物一般包括：闸门表面附着水生物、杂草污物、河湖淤积、阻水设施等。

5. 管理范围内存在的违章建筑一般包括：未经许可，违章乱搭乱建、违章盖房、违章建设砂石码头、违章电力电缆、网络通信线路、水及燃气管路等。

6. 管理范围内存在的危害工程安全的活动一般包括：未经许可进行取土、爆破、垦种、打井、采石、挖砂、开矿等。

7. 水跃是明渠水流从急流状态过渡到缓流状态时发生的水面突然跃起的局部水力现象。水跃形式一般有波状水跃、完全水跃、弱水跃、不稳定水跃(摆动水跃)、稳定水跃、强水跃。如出现高速主流携带的间歇水团不断滚向下游，产生较大的水面波动，为不正常现象。

4.5 定期检查工作标准

工作标准：

定期检查工作标准如表 4.5 所示。

表 4.5 定期检查工作标准

序号	项目	工作标准
1	一般定义	定期检查是指每年对水闸各部位及各项设施进行全面检查，包括汛前检查、汛后检查和水下检查。
2	一般规定	(1) 汛前汛后对建筑物、设备和设施进行详细检查，并对闸门、启闭机、备用电源、监控系统等进行检查和试运行。 (2) 电气设备按规定进行预防性试验，试验内容和周期应符合有关规定。

（续表）

序号	项目	工作标准
2	一般规定	(3) 对汛前检查中发现的问题提出处理意见并及时进行处理，对影响安全度汛而又无法在汛前解决的问题，制定相应的度汛应急预案。 (4) 汛后检查发现的问题应落实处理措施，编制下年度维修计划。
3	检查内容	(1) 汛前检查着重检查建筑物、设备和设施的最新状况，养护维修工程和度汛应急工程的完成情况，安全度汛存在的问题及措施，防汛工作准备情况，汛前检查应结合保养工作同时进行。 (2) 汛后检查着重检查建筑物、设备和设施度汛后的变化和损坏情况，在冰冻地区，还应检查防冻措施落实及其效果等。 (3) 水下检查着重检查水下工程的损坏情况，超过设计指标运用后，应及时进行水下检查。 (4) 定期检查一般包括以下内容：① 闸室结构垂直位移和水平位移情况；永久缝的开合和止水工作状况；闸室混凝土及砌石结构有无破损；混凝土裂缝、剥蚀和碳化情况；门槽埋件有无破损；工作桥、交通桥结构有无破损等；② 混凝土铺盖是否完整；黏土铺盖有无沉陷、塌坑、裂缝；排水孔是否淤堵；排水量、浑浊度有无变化；③ 消能设施有无磨损冲蚀；过闸水流是否平顺，水跃是否发生在消力池内，有无折冲水流、回流、漩涡等不良流态；④ 河床及岸坡是否有冲刷或淤积；引河水质有无污染；⑤ 岸墙及上、下游翼墙分缝是否错动，止水是否失效；翼墙排水管有无堵塞，排水量及浑浊度有无变化；岸坡有无坍滑、错动、开裂迹象；⑥ 堤岸顶面有无塌陷、裂缝；背水坡及堤脚有无渗漏、破坏；道路是否完好等；⑦ 监测设施是否完好，监测数据是否正常；⑧ 闸门外表是否整洁，有无表面涂层剥落、门体变形、锈蚀、焊缝开裂，螺栓、铆钉有无松动或缺失；支承行走机构各部件是否完好，运转是否灵活；止水装置是否完好；闸门运行时有无偏斜、卡阻现象，局部开启时振动区有无变化或异常；门叶有无泥沙、杂物淤积；闸门防冰冻系统是否完好，运行是否正常等；⑨ 启闭机械是否运转灵活、制动可靠，有无腐蚀和异常声响；外表是否整洁，有无涂层脱落、锈蚀；机架有无损伤、焊缝开裂、螺栓松动；钢丝绳有无断丝、卡阻、磨损、锈蚀、接头不牢、变形；零部件有无缺损、裂纹、凹陷、磨损；螺杆有无弯曲变形；油路是否通畅、有无泄漏，油量、油质是否符合要求等；⑩ 电气设备运行状况是否正常；外表是否整洁，有无涂层脱落、锈蚀；安装是否稳固可靠；电线、电缆绝缘有无破损，接头是否牢固；开关、按钮是否动作灵活、准确可靠；指示仪表是否指示正确；接地是否可靠，绝缘电阻值是否满足规定要求；安全保护装置是否动作准确可靠；防雷设施是否安全可靠；备用电源是否完好可靠；⑪ 自动化控制与视频监视系统、预警系统、调度管理系统、办公自动化系统等是否正常；照明、通讯、安全防护设施及信号、标志是否完好。
4	检查频次	(1) 定期检查每年汛前(4 月底前)、汛后(10 月底前)各 1 次。 (2) 水下检查一般每两年不少于 1 次。

(续表)

序号	项目	工作标准
5	注意事项	(1) 水闸定期检查应随身携带记录本,现场填写记录,及时整理检查资料。 (2) 遇有违章建筑和危害工程安全的活动要及时制止;工程运用出现异常情况时,及时采取措施进行处理,并及时上报。 (3) 定期检查结束后,应根据成果做出检查、鉴定报告,按规定报上级主管部门。

考核要点:

1. 检查频次是否符合要求。
2. 检查内容是否齐全,有无漏项。
3. 记录台账是否齐全、完整、认真、规范。

重点释义:

1. 江苏省《水闸工程管理规程》(DB32/T 3259—2017)规定:

(1) 水闸定期检查应填写记录,及时整理检查资料。

(2) 定期检查记录、检修试验记录、水下检查记录按有关表式填写。

(3) 定期检查应编写检查报告并按规定上报。检查报告一般包括以下内容:检查日期;检查目的和任务;检查结果(包括文字说明、表格、略图、照片等);与以往检查结果的对比、分析和判断;异常情况及原因分析;检查结论及建议;检查组成员签名;检查记录表。

2.《江苏省水利工程管理考核办法(2017年修订)》(苏水管〔2017〕26号)规定:

每年汛前、汛后或引水前后、严寒地区的冰冻期起始和结束时,对水闸各部位进行全面检查。检查内容全面,记录详细规范,编写检查报告,并将定期检查、专项检查报告报上级主管部门备案。

4.6 专项检查工作标准

工作标准:

专项检查工作标准如表4.6所示。

表 4.6　专项检查工作标准

序号	项目	工作标准
1	一般定义	专项检查主要为发生地震、风暴潮、台风或其他自然灾害、水闸超过设计标准运行，或发生重大工程事故后进行的特别检查，着重检查建筑物、设备和设施的变化和损坏情况。
2	一般规定	(1) 专项检查中，应对重点部位进行专门检查、检测或安全鉴定；应对发现的问题进行分析，制定修复方案和计划并上报。 (2) 专项检查记录参照定期检查记录表式填写。
3	检查内容	(1) 专项检查内容应根据所遭受灾害或事故的特点来确定，参照定期检查要求进行。 (2) 专项检查一般包括以下内容：① 土工建筑物：管理范围内堤(岸)无雨淋沟、塌陷、渗漏、裂缝等缺陷；无滑坡、管涌现象；岸、翼墙后填土区无跌落、塌陷。② 石工建筑物：砌石护坡、护底无松动、塌陷、隆起、底部淘空、垫层散失等缺陷；浆砌块石墙墙身无渗漏，墙身无倾斜或滑动，墙基无冒水、冒砂现象；浆砌石结构勾缝无脱落；反滤设施、减压井、导渗沟、排水设施等通畅。③ 混凝土建筑物：公路桥、工作桥和工作便桥等钢筋混凝土梁板构件的表面，涂料无老化，局部无损坏、脱落、起皮等现象；钢筋混凝土保护层无冻蚀、碳化侵蚀；混凝土结构无脱壳、剥落等损坏；混凝土建筑物无裂缝，混凝土结构无渗漏，伸缩缝填料无流失。④ 附属设施：机房和管理房屋顶及墙面等无渗漏水，墙体涂料无脱落等情况。⑤ 水流形态：应注意观察水流是否平顺，水跃是否发生在消力池内，有无折冲水流、回流、漩涡等不良流态；引河水质有无污染。⑥ 闸门：主要检查有无表面涂层剥落、门体变形、锈蚀、焊缝开裂或螺栓、铆钉松动；支撑行走机构是否运转灵活；止水装置是否完好；门槽内有无砂石堆积；伸缩缝止水有无损坏；门槽、门槛的预埋件有无损坏。⑦ 启闭机械：主要检查绳鼓式启闭机是否运转灵活、制动准确，有无异常声响；钢丝绳有无断丝、磨损、锈蚀、接头不牢、变形；零部件有无缺损、裂纹、磨损及螺杆有无弯曲变形；油路是否通畅，油量、油质是否合乎规定要求等。还应检查液压启闭机有无漏油现象、工作是否正常。
4	注意事项	(1) 水闸专项检查时，工作人员应随身携带记录本，现场填写记录，及时整理检查资料。 (2) 专项检查结束后，应根据成果做出检查、鉴定报告，按规定报上级主管部门。

考核要点：

1. 专项检查是否及时，检查内容是否齐全，有无漏项。
2. 记录台账是否齐全、完整、认真、规范。

重点释义：

1. 江苏省《水闸工程管理规程》(DB32/T 3259—2017)规定：

(1) 专项检查应编写检查报告并按规定上报。

(2) 专项检查报告一般包括以下内容：检查日期；检查目的和任务；检查结果(包括文字说明、表格、略图、照片等)；与以往检查结果的对比、分析和判断；异常情况及原因分析；检查结论及建议；检查组成员签名；检查记录表。

2. 管涌是指在渗透水流作用下，土中的细颗粒在粗颗粒形成的孔隙中移动，以至流失；随着土的孔隙不断扩大，渗透速度不断增加，较粗的颗粒也相继被水流逐渐带走，最终导致土体内形成贯通的渗流管道，造成土体塌陷的现象。

4.7 安全检查工作标准

工作标准：

安全检查工作标准如表 4.7 所示。

表 4.7 安全检查工作标准

序号	项目	工作标准
1	一般定义	安全检查是指根据国家法律、法规、技术标准，对水闸管理范围内水事活动进行监督检查，维护正常的工程管理秩序。
2	一般规定	(1) 安全检查一般分为日常检查、定期检查、专项检查和季节性检查。 (2) 安全生产检查以各单位(部门)自查为主，上级管理单位根据情况定期或不定期组织安全生产检查或抽查。 (3) 安全生产检查由本单位负责人或分管安全负责人组织，上级管理单位安全生产检查由安委会办公室或安全监管部门组织，相关成员部门派员参加。 (4) 安全生产检查的程序一般为人员组织、检查记录、整改隐患、复查。 (5) 检查人员应填写安全检查记录表，或以其他方式详细记录，并留存备查。应认真总结检查、整改中的经验，及时推广。 (6) 每季度、每年对本单位事故隐患排查治理情况进行统计分析，开展安全生产预测预警。

（续表）

序号	项目	工作标准
3	检查内容	(1) 安全生产责任制、组织网络及安全措施落实情况。 (2) 安全隐患排查及处理情况，安全教育培训、预案编制及演练情况，安全台账完备情况。 (3) 安全工器具按标准配备情况，存取、管理及定期试验情况。 (4) 安全用具、特种设备的试验及保管情况，易燃易爆危化品的保管及使用情况，重大危险源的监控与防范情况。 (5) 高空作业、水上作业、电气作业、消防设施、防盗设施配备、调试、年检及维保情况，安全防护设施及警示信号、标识设置情况。 (6) 特种作业人员专业技术培训及持证上岗情况。 (7) 网络安全防护管理和使用情况，重要文件（涉密文件）及数据的存储、应用、流转和安全保护情况。 (8) 各种安全标牌的规格符合安全规程要求情况。 (9) 柴油、机油等油品专用仓库存储、专人管理及消防设施情况。
4	检查频次	(1) 安全生产日常检查应每月不少于一次。 (2) 汛前汛后、夏季冬季、法定节假、特殊天气后要进行季节性检查。
5	注意事项	(1) 安全检查中工作人员应随身携带记录本，现场填写记录，及时整理检查资料。 (2) 遇有违章建筑和危害工程安全的活动应及时制止；工程运用出现异常情况，应及时采取措施进行处理，并及时上报。 (3) 安全检查结束后，应及时整改发现的问题，并及时反馈整改结果。

考核要点：

1. 检查频次是否符合要求。
2. 检查内容是否齐全，有无漏项。
3. 记录台账是否齐全、完整、认真、规范。
4. 检查问题是否及时整改，是否及时反馈。

重点释义：

1. 江苏省《水闸工程管理规程》(DB32/T 3259—2017)规定：

(1) 应明确安全生产管理机构，配备专(兼)职安全生产管理人员，建立、健全安全管理网络和安全生产责任制。

(2) 应开展安全生产教育和培训，特种作业人员应持证上岗。

(3) 应按规定开展危险源辨识和隐患排查，落实防范和保护措施，控制危险源和治理事故隐患。

（4）在机械传动部位、电气设备等危险场所或危险部位应设有安全警戒线或防护设施，安全标志应齐全、规范；易燃、易爆、有毒物品的运输、贮存、使用按有关规定执行。按照消防要求应配备灭火器具，应急出口应保持通畅。

（5）应按规定定期对消防用品、安全用具进行检查、检验，保证其齐全、完好、有效。扶梯、栏杆、检修门槽盖板等应完好无损，安全可靠。

（6）助航标志、避雷设施及各类报警装置应定期检查维修，保持完好、可靠；输电线路应经常检查，不得私接乱接。

（7）工程施工中应成立安全管理小组，并配备专（兼）职安全员。对相关方开展专项安全知识培训和安全技术交底，检查落实安全措施，规范作业行为。

2.《江苏省水利工程管理考核办法（2017 年修订）》（苏水管〔2017〕26 号）规定：

开展安全生产标准化单位建设，安全生产组织体系健全；开展安全生产宣传培训；安全警示警告标志设置规范齐全；定期进行安全检查、巡查，及时处理安全隐患，检查、巡查及隐患处理记录资料规范；安全措施可靠，安全用具配备齐全并定期检验，严格遵守安全生产操作规定，设备运行安全；无较大安全生产责任事故。

3. 水上作业应配齐救生设备；高空作业必须穿工作防滑靴鞋、系安全带；在可能有重物坠落的工作场所，必须戴安全帽。

4. 进行电气设备安装和操作时，必须按规定穿着和使用绝缘用品、用具。

5. 助航标志、避雷设施及各类报警装置要定期检查维修，确保完好、可靠；输电线路要经常检查，严禁私接乱接，确保人身和设备安全。

6. 采用自动监控系统的水闸应根据不同的岗位职责，对运行人员和管理人员分别规定其安全等级和操作权限。无操作权限的人员禁止对自动监控系统进行操作，无管理权限的人员禁止在系统计算机上安装或使用任何软件。

4.8 电气试验工作标准

工作标准：

电气试验工作标准如表 4.8 所示。

表 4.8 电气试验工作标准

序号	项目	工作标准
1	一般定义	电气试验是指对水闸主要电气设施设备的绝缘性能、电气特性及机械性能等，按照国家和行业有关规定逐项进行的预防性试验。

（续表）

序号	项目	工作标准
2	一般规定	(1) 试验人员进入现场，要认真执行工作票制度和工作监护制度。 (2) 高压试验时，要派专人对所有带电部分进行监护。 (3) 发生雷电时，禁止在室外试验和在室内架空线线路馈出回路上试验。 (4) 二次回路故障查找时应谨慎小心，防止故障扩大。 (5) 操作时，1人监护、1人或多人操作。 (6) 工作现场设备要保持清洁，工具摆放合理、有序。 (7) 作业现场保护措施完备，有清晰的警示标志。 (8) 保证工完、料净、场地清。
3	试验周期	(1) 各种高压用电设备(真空断路器、母线、高压开关柜、电力电缆、电容器、变压器)试验周期为1年。 (2) 各种防雷接地保护设施的接地检测周期为1年。 (3) 继电保护、综保装置以及自动化装置的校验周期为1年。 (4) 对于不常用的高压电器的继电保护、综保装置的校验周期为2年。 (5) 对于验电笔、绝缘手套、橡胶绝缘靴、接地线等的校验周期为半年。
4	安全事项	(1) 现场被试验设备有明显分断点，并悬挂“禁止合闸，有人工作”安全标志。 (2) 接地线要可靠接地，试验时高压带电部分架设遮栏。 (3) 进入试验现场，试验人员应穿戴好劳保用品。 (4) 高压试验用绝缘工具要使用定期试验合格工具。
5	注意事项	(1) 电气试验人员必须持特种作业人员上岗证上岗操作，试验单位必须具备相应资质。 (2) 电气试验人员必须遵守《电气安全工作规程》。 (3) 试验结束后，工作许可人员与试验工作负责人一起检查确保设备及安全措施已恢复至开工前状态，并签字确认。 (4) 电力安全工器具经试验或检验合格后，必须在合格的安全工器具上(不妨碍绝缘性能且醒目的部位)贴上“试验合格证”标签，注明试验人、试验日期及下次试验日期。

考核要点：

1. 电气预防性试验周期是否满足要求。

2. 是否按规定对各类电气设备、指示仪表、避雷设施、接地等进行定期试验。

3. 试验记录台账是否齐全、完整、认真、规范。

重点释义：

1. 江苏省《水闸工程管理规程》(DB32/T 3259—2017)规定：

电气设备应按规定定期进行预防性试验，电气设备预防性试验内容和周期应符合表 4.9 中的规定。

表 4.9　电气设备预防性试验

序号	试验项目		试验周期	备 注
	设备名称	试验内容		
1	电动机、发电机绝缘	定子绕组绝缘电阻测量	1 年	
2	热继电器 电动机保护器	保护动作检测		
3	电气设备、电缆桥架、配电房等	接地电阻测量		
4	电气仪表	电气仪表检验		
5	变压器	绝缘电阻吸收比测量	1 年	干式、油浸式
		绕阻直流电阻测量	1 年	干式、油浸式
		交流耐压试验	3 年	干式、油浸式
		绝缘油试验	1 年	油浸式
6	避雷器	绝缘电阻测量	1 年	每年雷雨季节前
		电气特性试验	1 年	每年雷雨季节前
7	过电压保护器	绝缘电阻测量	1 年	每年雷雨季节前
		工频放电电压测量	1 年	每年雷雨季节前
8	10 kV 母线	绝缘电阻测量	1 年	
		交流耐压试验	1 年	
9	绝缘棒、绝缘挡板、绝缘罩、绝缘夹钳	交流耐压试验	1 年	
10	验电笔	交流耐压试验	半年	
11	绝缘手套、橡胶绝缘靴	交流耐压试验、泄漏电流	半年	

注：依据 DL/T 596、DL/T 1476。

2.《江苏省水利工程管理考核办法(2017 年修订)》(苏水管〔2017〕26 号)规定：对各类电气设备、指示仪表、避雷设施、接地等进行定期检验，并符合规定。

3. 电力设备、电气测量仪表的检验和校验可根据《电力设备预防性试验规程》(DL/T 596—1996)中有关标准执行。

4. 应进行试验的安全工器具如下:规程要求进行试验的安全工器具;新购置和自制的安全工器具;检修后或关键零部件经过更换的安全工器具;对其机械、绝缘性能产生疑问或发现缺陷的安全工器具;出了质量问题的同批安全工器具。

5. 符合下列条件的安全工器具予以报废:安全工器具经试验或检验不符合国家或行业标准;超过有效使用期限,不能达到有效防护功能指标。

6. 报废的安全工器具应及时清理并及时标注在安全台账上。

4.9 工程观测工作标准

工作标准:

工程观测工作标准如表 4.10 所示。

表 4.10 工程观测工作标准

序号	项目	工作标准
1	一般定义	工程观测是为掌握工程状态和运用情况,及时发现工程隐患,防止事故的发生,充分发挥工程效益,延长工程使用寿命,并为水利工程设计、施工、科学研究提供必要的资料而开展。
2	一般规定	(1) 水闸观测的主要任务应包括以下内容:① 监视水情、水流形态、设施性能和工程状态变化情况,掌握工情、水情变化规律,为正确管理提供科学依据;② 及时发现异常现象,分析原因,并采取相应措施,防止发生事故;③ 验证工程规划、设计、施工及科研成果。 (2) 应按照《水利工程观测规程》(DB 32/T 1713—2011)的规定,结合各工程的类别和等级、结构布局、地基土质和工程控制运用中存在的主要问题等,编制观测任务书并上报。 (3) 观测成果应真实、准确,观测精度应符合要求,资料应及时整理、分析,并定期进行整编。 (4) 观测设施应妥善维护,观测仪器和工具应定期校验、维护。当仪器受震动、摔跌等可能损坏或影响仪器精度时应随时鉴定或检修,每次观测前应对 i 角进行检验。 (5) 有水文测报任务的管理单位应根据水文测站任务书的要求,依照现行水文规范开展水文观测、报汛和水文资料整编工作。未承担水文测报任务的管理单位,根据工程管理和防汛抗旱的要求,开展水文工作。 (6) 工程施工期间的观测工作由施工单位负责,在交付管理单位管理后,由管理单位进行,双方应做好交接工作。

（续表）

序号	项目	工作标准
3	注意事项	(1) 保持观测工作的系统性和连续性，按照规定的项目、测次和时间对工程进行观测。要求做到“四随”“四无”“四固定”，以提高观测精度和效率。 (2) 各工程观测项目的观测设施布置、观测方法、观测时间、观测频次、测量精度、观测记录等应符合《水利工程观测规程》(DB32/T 1713—2011)的规定。 (3) 每次观测结束后，应及时对记录资料进行计算和整理，并对观测成果进行初步分析，如发现观测精度不符合要求，应重测。如发现异常情况，应立即进行复测，查明原因并上报，同时加强观测，并采取必要的措施。 (4) 资料在初步整理、核实无误后，应将观测报表于规定时间上报。
4	台账资料	(1) 观测资料整理、整编及成果分析等应符合《水利工程观测规程》(DB32/T 1713—2011)的规定。 (2) 每年初均应对上一年度观测资料进行整编，并编写观测分析报告报上级主管部门审查，对审查合格的资料整编成果应装订成册，归入技术档案。 (3) 应对发现的异常现象作专项分析，必要时可会同设计、科研等单位作专题研究，分析原因，制订处理方案。

考核要点：

1. 观测内容(或项目)、测次和时间是否符合规定。

2. 观测成果是否真实、准确，精度是否符合要求。

3. 观测设施完好率是否符合规范要求，监测仪器和工具是否定期校验、维护。

重点释义：

1. 江苏省《水闸工程管理规程》(DB32/T 3259—2017)规定：

(1) 水闸观测分为一般性观测和专门性观测两大类，观测内容宜按设计要求确定，也可根据水闸运行管理需要增加观测内容。

(2) 一般性观测项目包括水位、流量、垂直位移、闸基扬压力、侧岸绕渗、河床变形等。

(3) 专门性观测项目主要包括水平位移、伸缩缝、裂缝、墙后土压力、水流形态等。

(4) 观测分析报告主要内容包括：工程概况；观测设备情况，包括设施的布置、型号、完好率、观测初始值等；观测方法；主要观测成果；成果分析与评价；结论与建议。

(5) 水闸观测应符合下列规定：

① 位移观测应符合 GB 50026 的有关规定，大型水闸变形观测应符合二等测量要求，中型水闸应符合三等测量要求。

② 扬压力和绕渗观测，应同时观测上、下游水位，并注意观测渗透的滞后现象。对于受潮汐影响的水闸，应在每月最高潮位期间观测 1 次，观测时间以测到潮汐周期内最高和最低潮位及潮位变化中扬压力过程线为准。

③ 测压管管口高程宜按不低于三等水准测量的要求每年校测 1 次。测压管灵敏度检查可每 3～5 年进行 1 次。管内淤塞影响观测时，应进行清淤。如经灵敏度检查不合格，堵塞、淤积经处理无效，或经资料分析测压管已失效时，宜重新埋设测压管。

④ 其他观测项目的观测方法及要求可参照现行各专业规范执行。

2.《江苏省水利工程管理考核办法(2017 年修订)》(苏水管〔2017〕26 号)规定：

按规定的内容(或项目)、测次和时间开展工程观测，内容齐全、记录规范；观测成果真实、准确，精度应符合要求；观测设施先进、自动化程度高；观测设施、监测仪器和工具定期校验、维护，观测设施完好率达到规范要求；观测资料及时进行初步分析，并按时整编刊印。

3.“四随”是指随观测、随记录、随计算、随校核；“四无”是指无缺测、无漏测、无不符合精度、无违时；“四固定”是指人员固定、设备固定、测次固定、时间固定。

4. 水利工程观测主要流程：① 确定观测项目；② 设置观测设施；③ 制定观测任务书；④ 现场观测、记录；⑤ 资料整理与初步分析；⑥ 上报报表；⑦ 资料整编刊印。

5. 水利工程观测任务书由上级管理部门以文件形式下达，工程观测任务书内容包括：① 工程概况；② 观测项目；③ 观测时间与测定；④ 观测方法；⑤ 观测精度；⑥ 观测成果要求等。

6. 观测设施的考证与保护

(1) 工作基点与垂直位移标点

① 工作基点埋设后，应经过至少一个雨季才能启用；垂直位移标点埋设 15 天后才能启用。

② 在工作基点埋设使用后 5 年内，应每年与国家水准点校测 2 次，第 6 年至第 10 年应每年与国家水准点校测 1 次，以后可减为每 5 年 1 次。

③ 垂直位移标点变动时，应在原标点附近埋设新点，对新标点进行考证，计算新旧标点高程差值，填写考证表。当需要增设新标点时，可在施工结束埋设标点进行考证，并以同一块底板附近标点的垂直位移量作为新标点垂直位移量，以

此推算出该点的始测高程。

④ 出现地震、地面升降或受重车碾压等可能使观测设施产生位移的情况时，应随时对其进行考证。

⑤ 工作基点应按照《国家一、二等水准测量规范》(GB/T 12897—2006)中国家二等水准点的要求进行保护，堤防垂直位移标点参照《国家三、四等水准测量规范》(GB/T 12898—2009)中国家四等水准点要求进行保护。

⑥ 在观测设施附近宜设立标志牌等方法进行宣传保护，日常管理工作中应确保不受交通车辆、机械碾压和人为活动等破坏。

(2) 测压管

① 测压管维护主要包括测压管进水管段灵敏度试验、测压管内淤积观测与冲洗、测压管堵塞清理等。

② 测压管灵敏度试验每5年应进行1次，宜选择在水位稳定期进行，可采用注水法或放水法试验。

(3) 断面桩

断面桩桩顶高程考证每5年观测1次，发现断面桩缺损，应及时补设并进行观测。

4.10 水文测报工作标准

工作标准：

水文测报工作标准如表4.11所示。

表4.11 水文测报工作标准

序号	项目	工作标准
1	一般定义	水文测报是指通过实测水雨情信息，了解、掌握所在地区水雨情情况、水文情势变化情况和发展态势，为防汛抗旱决策提供科学依据。
2	一般规定	(1) 水文测站应按测站任务书进行测报作业。 (2) 水文测报应严格执行相关规范、标准和技术规定。 (3) 水文测站值班人员应及时掌握、处理所辖区域雨情、水情、设施设备工情等信息，并做好值班和交班记录。 (4) 水文测站应急监测方案应及时修订完善。 (5) 水文测站应确保水文测报设施设备安全运行，防止发生设施设备损毁和人员伤亡。 (6) 在工程控制运用发生变化时，应将有关情况，如时间、上下游水位等详细记录、核对。

（续表）

序号	项目	工作标准
3	注意事项	(1) 严格各项操作规程，按时按要求做好测报仪器设备日常的维护、保养及校检。 (2) 遥测系统出现问题，无法正常报汛时，立即启用人工报汛。 (3) 水文测站应注意观察、了解水文测验断面上下游、左右岸以及流域内突发水事件情况，当发生特大暴雨洪水、溃口、分洪、水污染等突发水事件时，应及时上报，做好记录，并积极组织开展应急监测。 (4) 水文测站的测流设备、水位观测记载簿、遥测系统运行管理记录等纸质资料应由专人保管，防止缺失、遗漏或遭人为破坏。 (5) 船上测验时，上船人员一律穿着救生衣，携带救生用具，确保安全；缆道测流时，注意检查钢丝绳有无断丝、接头部位有无松动等现象，发现异常及时处理。 (6) 测报中发现安全隐患又无法解决的，应及时上报，提出改进措施，做好安全防范工作。
4	台账资料	(1) 水文测报日常管理记录表，驻测站每天记录1次，非驻测站每月至少记录1次。 (2) 资料整编过程中要坚持随测报、随发报、随整理、随分析的"四随"制度，保证水文资料的质量。 (3) 根据相关规定每年汛期结束编写汛期水文测报总结，年底前编写年度水文测报工作总结，报上级水文机构。

考核要点：

1. 测报内容（或项目）、测次和时间是否符合规定。

2. 测报成果是否真实、准确，精度是否符合要求。

3. 测报设施、监测仪器和工具是否定期校验、维护。

重点释义：

1. 水准测量

(1) 水准测量的目的是掌握校核水准点的高程，用于校核水尺零点高程、大断面岸上部分的高程考证等测验任务。

(2) 水准测量范围包括上下游基本水尺的零点高程、大断面岸上部分的断面桩高程考证、上下游校核水准点的高程考证。

2. 水位观测

(1) 水位观测的目的是掌握水闸上下游基本水尺断面处的实时水位，也是水闸流量计算的基础组成部分，可以有效为水情调度、防汛抗旱、船闸通航、灌溉发电等国民经济运行提供必要的数据支持。

（2）水位观测范围包括水闸上下游基本水尺断面。

3. 断面测量

（1）断面测量的目的是掌握流速仪测流断面的淤积情况，为流速仪流量计算提供断面参数，参与流量计算，是流量测验的重要组成部分。

（2）断面测量范围包括水道断面测量和岸上部分的大断面测量。水道断面测量工作包括测量水深、起点距和水位等；岸上部分的大断面测量主要是岸上部分的断面桩考证水准测量。

4. 水文缆道

（1）水文缆道是为把水文测验仪器送到测验断面上任一指定位置以进行测验作业而架设的一套索道工作系统，由缆索、驱动、信号三大系统组成，并由岸上操纵控制，进行流量、泥沙等测验工作的水文测站专用设备。

（2）水文缆道主要是为水文缆道流速仪流量测验、大断面水道断面测验提供垂线测验标记。

5. 输沙率测验

（1）输沙率测验的目的是掌握河道中的泥沙输移量、各种特征值及泥沙在时间上的变化规律，为工程管理运行提供可靠依据。

（2）输沙率测验主要是在水闸闸下处的流速仪处测流断面，一般都是配合全断面的流速仪流量测验共同进行。

6. 流量测验

（1）流量测验的目的是用流速仪测定水流速度，并由流速与水道断面面积的乘积来推求流量的结果，从而取得水闸经过调节控制后的各种径流资料，掌握水量的时空分布情况，为流域水情调度、防汛抗旱、水利工程管理运行提供可靠的依据。

（2）流量测验的范围位于闸下游的流速仪基本测流断面或者基本水尺断面附近。

7. 管理单位应按任务书要求制定水文测站防汛值班制度、水文监测方案、水文情报预报方案、水文应急监测方案等规章制度。

8. 水文测站应根据监测项目制作各类常用水文专业技术资料（如：大断面图、水位流量关系曲线图、水文特征值汇总表等），并汇编成册。

4.11 水政巡查工作标准

工作标准：

水政巡查工作标准如表4.12所示。

表 4.12 水政巡查工作标准

序号	项目	工作标准
1	一般定义	水政巡查是为了有效预防、及时发现和查处各类水事违法行为，维护正常的水事秩序。
2	一般规定	(1) 各水政监察大队负责所辖范围内执法巡查工作。水政监察支队负责对水政监察大队执法巡查情况进行监督检查。 (2) 建立健全执法巡查责任制，将执法巡查的任务分解落实到每个执法人员，定期检查考核。 (3) 采用执法巡查与工程管理巡查相结合的方式，做到巡查工作全覆盖。 (4) 执法巡查应制定年度方案和月度计划，并建立巡查台账。 (5) 执法巡查中要加强水法规宣传，做到巡查和宣传相结合。
3	巡查内容	(1) 侵占、毁坏水工程及堤防、护岸等有关设施，毁坏防汛、水文监测设施，在堤防建房、取土、垦殖、埋坟等。 (2) 在行洪河道内设置拦河阻碍物，擅自在工程管理范围内圈圩以及堆放、弃置、倾倒垃圾等影响防洪抢险的行为。 (3) 非法采砂、取土(石)、疏浚，整治河道、航道等。 (4) 未按规定制定水土保持方案或落实“三同时”制度，擅自开工建设、采矿、弃土、弃渣。 (5) 破坏饮水安全，在饮用水源地区保护区设置排污口或其他可能影响饮用水安全的行为。 (6) 未经批准擅自新建、改建、扩大排污口或违反水功能区划要求的建设项目，或非法凿井取用地下水、擅自取水、更换计量设施等违反水资源管理和保护的行为。 (7) 涉水建设工程项目。 (8) 擅自在工程管理范围内建造水工程和扒堤泄水等违法行为。 (9) 拒交、拖欠、拖延水行政事业性规费的行为。 (10) 其他违反水法规的行为。
4	注意事项	(1) 执法巡查一般不得少于 2 人。巡查人员对水事活动实施检查，应主动出示执法证件，严格按照法定权限和程序办事。 (2) 巡查每周不少于 1 次，对水事违法现场，每天巡查不少于 2 次，并根据各类水事行为特点增加巡查次数。重点区域可开展联合执法巡查。 (3) 执法检查应当做到文明用语、文明执法。严禁参加可能影响到巡查办案的宴请和收受礼品，严禁酒后巡查执法。

考核要点：

1. 巡查频次、内容、范围是否符合要求。
2. 执法巡查制度、责任是否制定并落实。
3. 巡查台账是否齐全、完整、认真、规范。

重点释义：

1. 江苏省《水闸工程管理规程》(DB32/T 3259—2017)规定：

(1) 水闸工程管理单位应根据国家法律、法规、技术标准，对水闸管理范围内水事活动进行监督检查，维护正常的工程管理秩序。

(2) 应以有关法律法规、规范性文件、技术标准和工程立项审批文件为依据，结合水闸的运行条件、工程布置和周围其他环境因素，划定水闸工程管理范围和保护范围，确定管理范围内土地使用权属，设立界桩。

(3) 应加强对工程管理范围的巡视检查，发现侵占、破坏或损坏水利工程的行为，应立即采取有效措施予以制止，并依法进行查处，及时报告有关部门，情节严重的要依法追究责任，令其恢复原状。

(4) 应依法对工程管理范围内批准的建设项目进行监督管理。

2.《江苏省水利工程管理考核办法(2017 年修订)》(苏水管〔2017〕26 号)规定：

坚持依法管理，配备水政监察专职人员，执法装备配备齐全，加强水法规宣传、培训、教育；按规定进行水行政安全巡查，发现侵占、破坏、损坏水利工程、损害水环境的行为，采取有效措施予以制止并做好调查取证、及时上报、配合查处等工作；水法规宣传标语、危险区警示等标志标牌醒目；依法对管理范围内批准的涉河建设项目进行监督管理。

3. 年度巡查方案应当包括巡查范围、重点、内容、周期、路线以及责任人和相关责任等。

4. 巡查人员应及时填写巡查记录，留存图片音像资料。载明巡查人员、路线、内容、方式、发现的问题、调查取证及处理情况，并报水政监察大队负责人签字。

5. 水政监察大队按规定上报水行政执法巡查月报表以及执法巡查文字小结。

6.《江苏省水利工程管理条例》规定：

第八条　为了保护水利工程设施的安全，发挥工程应有的效益，所有单位和个人必须遵守以下规定：

(一)禁止损坏涵闸、抽水站、水电站等各类建筑物及机电设备、水文、通讯、供电、观测等设施。

(二)禁止在堤坝、渠道上扒口、取土、打井、挖坑、埋葬、建窑、垦种、放牧和毁坏块石护坡、林木草皮等其他行为。

(三)禁止在水库、湖泊、江河、沟渠等水域炸鱼、毒鱼、电鱼。

(四)禁止在行洪、排涝、送水河道和渠道内设置影响行水的建筑物、障碍物、鱼罾鱼簖或种植高秆植物。

（五）禁止向湖泊、水库、河道、渠道等水域和滩地倾倒垃圾、废渣、农药，排放油类、酸液、碱液、剧毒废液以及《环境保护法》、《水污染防治法》禁止排放的其他有毒有害的污水和废弃物。

（六）禁止擅自在水利工程管理范围内盖房、圈围墙、堆放物料、开采沙石土料、埋设管道、电缆或兴建其他的建筑物。在水利工程附近进行生产、建设的爆破活动，不得危害水利工程的安全。

（七）禁止擅自在河道滩地、行洪区、湖泊及水库库区内圈圩、打坝。

第三十一条　阻挠、殴打依法执行公务的水利工程管理人员，蓄意制造水利纠纷，强制水利工程管理人员改变工程设施控制运行方案，抗拒执行蓄洪、行洪、滞洪命令的，应给予批评教育或行政处分；情节严重的，对肇事的有关人员，应依照治安管理处罚条例或刑法有关规定，追究法律责任。

7.《中华人民共和国水法》规定：

第七十二条　有下列行为之一，构成犯罪的，依照刑法的有关规定追究刑事责任；尚不够刑事处罚，且防洪法未作规定的，由县级以上地方人民政府水行政主管部门或者流域管理机构依据职权，责令停止违法行为，采取补救措施，处一万元以上五万元以下的罚款；违反治安管理处罚条例的，由公安机关依法给予治安管理处罚；给他人造成损失的，依法承担赔偿责任：

（一）侵占、毁坏水工程及堤防、护岸等有关设施，毁坏防汛、水文监测、水文地质监测设施的；

（二）在水工程保护范围内，从事影响水工程运行和危害水工程安全的爆破、打井、采石、取土等活动的。

第七十四条　在水事纠纷发生及其处理过程中煽动闹事、结伙斗殴、抢夺或者损坏公私财物、非法限制他人人身自由，构成犯罪的，依照刑法的有关规定追究刑事责任；尚不够刑事处罚的，由公安机关依法给予治安管理处罚。

8.《中华人民共和国防洪法》规定：

第二十二条　河道、湖泊管理范围内的土地和岸线的利用，应当符合行洪、输水的要求。

禁止在河道、湖泊管理范围内建设妨碍行洪的建筑物、构筑物，倾倒垃圾、渣土，从事影响河势稳定、危害河岸堤防安全和其他妨碍河道行洪的活动。

禁止在行洪河道内种植阻碍行洪的林木和高秆作物。

第五十五条　违反本法第二十二条第二款、第三款规定，有下列行为之一的，责令停止违法行为，排除阻碍或者采取其他补救措施，可以处五万元以下的罚款：

（一）在河道、湖泊管理范围内建设妨碍行洪的建筑物、构筑物的；

（二）在河道、湖泊管理范围内倾倒垃圾、渣土，从事影响河势稳定、危害河岸堤防安全和其他妨碍河道行洪的活动的；

（三）在行洪河道内种植阻碍行洪的林木和高秆作物的。

第六十条　违反本法规定，破坏、侵占、毁损堤防、水闸、护岸、抽水站、排水渠系等防洪工程和水文、通信设施以及防汛备用的器材、物料的，责令停止违法行为，采取补救措施，可以处五万元以下的罚款；造成损坏的，依法承担民事责任；应当给予治安管理处罚的，依照治安管理处罚条例的规定处罚；构成犯罪的，依法追究刑事责任。

第六十一条　阻碍、威胁防汛指挥机构、水行政主管部门或者流域管理机构的工作人员依法执行公务，构成犯罪的，依法追究刑事责任；尚不构成犯罪，应当给予治安管理处罚的，依照治安管理处罚条例的规定处罚。

4.12　观测整编工作标准

工作标准：

观测整编工作标准如表 4.13 所示。

表 4.13　观测整编工作标准

序号	项目	工作标准
1	一般定义	观测整编是指每年初对上一年度观测资料进行整编，并编写观测分析报告报上级主管部门审查，对审查合格的资料整编成果装订成册，归入技术档案。
2	整编内容	(1) 每次观测结束后，应及时对观测资料进行整理、计算，并对原始资料进行校核、审查。 (2) 观测整编工作内容：① 检查观测项目是否齐全、方法是否合理、数据是否可靠、图表是否齐全、说明是否完备；② 对填制的各类表格进行校核，检查数据有无错误、遗漏；③ 对绘制的曲线图逐点进行校核，分析曲线是否合理，点绘有无错误；④ 根据统计图、表，检查和论证初步分析是否正确。
3	整编频次	(1) 资料的整编工作，每年进行 2 次。 (2) 资料的刊印，每年进行 1 次。
4	台账资料	整编提交资料包括：① 工程概况；② 工程平面图、剖面图、立面图；③ 工程观测任务书；④ 观测工作说明；⑤ 观测标点布置及线路图；⑥ 观测原始手簿；⑦ 观测仪器检定资料；⑧ 观测成果表、统计表、比较表；⑨ 分布图、比较图、过程线图、关系曲线图；⑩ 工程运用情况统计和水位、流量、引(排)水量、降水量统计；⑪ 工程大事记；⑫ 观测工作总结；⑬ 审核报告。

（续表）

序号	项目	工作标准
5	注意事项	(1) 编制各项观测设施的考证表、观测成果表和统计表，表格及文字说明要求端正整洁、数据上下整齐。 (2) 绘制各种曲线图，图的比例尺一般选用 1∶1、1∶2、1∶5 或是 1、2、5 的十倍、百倍数。各类表格和曲线图的尺寸应予统一，符合印刷装订的要求，一般不宜超过印刷纸张的版心尺寸，个别图形(如水下地形图等)如图幅较大，可按规定适当放大。所绘图形应按附录中图例格式绘制，要求做到选用比例适当，线条清晰光滑，注字清晰、整洁。 (3) 分析观测成果的变化规律及趋势，与上次观测成果及设计情况比较应正常，并对工程的控制运用、维修加固提出初步建议。

考核要点：

1. 观测资料初步分析情况。

2. 观测资料是否齐全、完整、认真、规范。

3. 观测资料是否按时整编刊印。

重点释义：

1. 江苏省《水闸工程管理规程》(DB32/T 3259—2017)规定：

(1) 观测资料整理、整编及成果分析等应符合《水利工程观测规程》(DB32/T 1713—2011)的规定。

(2) 观测分析报告主要内容包括：工程概况；观测设备情况，包括设施的布置、型号、完好率、观测初始值等；观测方法；主要观测成果；成果分析与评价；结论与建议。

(3) 应对发现的异常现象作专项分析，必要时可会同设计、科研等单位作专题研究，分析原因，制订处理方案。

2. 原始资料校核是指对原始记录必须进行一校、二校，内容包括：记录数字无遗漏；计算依据正确；数字计算、观测精度计算正确；无漏测、缺测。

3. 原始资料审查是指在原始记录已校核的基础上，由各管理单位分管观测工作的技术负责人对原始记录进行审查，对资料的真实性和可靠性负责，内容包括：无漏测、缺测；记录格式符合规定，无涂改、转抄；观测精度符合要求；应填写的项目和观测、记录、计算、校核等签字齐全。

4. 每次观测结束后，必须及时对记录资料进行计算和整理，并对观测成果进行初步分析，如发现观测精度不符合要求，必须立即重测。如发现异常情况，应立即进行复测，查明原因并报上级主管部门，同时加强观测，并采取必要的措施。

5. 观测工作说明：包括观测手段、仪器配备、观测时的水情、气象和工程运用状况，观测时发生的问题和处理办法、经验教训，观测手段的改进和革新，观测精度的自我评价等。

6. 工程大事记：应对当年工程管理中发生的较大技术问题，按记录如实汇编，包括工程检查、维修养护、防汛岁修、防洪抢险、抗旱排涝、控制运用、事故及其处理和其他较大事件。可按事情发生的时间顺序填写，要求简明扼要。

7. 观测资料刊印遵从以下顺序：

(1) 观测工作说明。

(2) 工程基本资料。具体内容包括：工程概况；工程平面布置图；工程剖面图、立面图。

(3) 垂直位移资料。具体内容包括：垂直位移观测标点布置图；垂直位移工作基点考证表；垂直位移工作基点高程考证表；垂直位移观测标点考证表；垂直位移观测成果表；垂直位移量横断面分布图；垂直位移量变化统计表（每五年一次）；垂直位移过程线（每五年一次）。

(4) 渗流观测资料。具体内容包括：测压管位置图；测压管考证表；测压管管口高程考证表；测压管注水试验成果表；测压管淤积深度统计表；测压管水位统计表；测压管水位过程线。

(5) 河道断面观测资料。具体内容包括：河道固定断面桩顶高程考证表；河道断面观测成果表；河道断面冲淤量比较表；河道断面比较图；水下地形图。

(6) 工程运用资料。具体内容包括：工程运用情况统计表；水位统计表；流量、引(排)水量、降水量统计表；工程大事记。

(7) 观测成果分析。

4.13 资料台账工作标准

工作标准：

资料台账工作标准如表 4.14 所示。

表 4.14　资料台账工作标准

序号	项目	工作标准
1	一般定义	资料台账是水闸运行管理过程中形成的文件、记录、总结、报告等。
2	一般规定	(1) 每年3月底前,对上年度工程管理档案资料整理归档。 (2) 各类资料台账应专人记录、保管良好,记录认真、完整,不得随意涂改,做到所有相关的工作都有据可查。 (3) 每年汛前检查时,应提供所有工程管理资料。备查资料应分类装盒,每盒单独制作目录。 (4) 水闸中控室现场一般应放置的台账有:《工程管理制度汇编》、《安全管理制度汇编》、《运行手册》、《主要设备说明书》、《闸门启闭记录》、操作票、闸门启闭命令票等。 (5)《柴油发电机运转记录》放置在柴油发电机房。《配电房操作记录》放置在配电房。《监控系统运行情况记录》《监控系统维修情况记录》放置在监控室。
3	资料台账	(1) 台账类别一般包括:综合类、检查观测类、维修养护类、运行操作类、设备管理类、安全生产类、水行政管理类、达标创建类等。 (2) 台账目录主要有:日常巡视记录、经常检查记录、定期检查记录、专项检查记录、安全生产台账、桥梁检查记录、上年度维修养护台账、设备等级评定、特种设备校验资料、设备养护记录、闸门启闭记录、操作票、工作票、闸门启闭命令票、机电设备台账、设备缺陷台账、柴油发电机运转记录、工程大事记、水位观测记录、监控系统运行记录、监控系统维修记录、值班记录、工程观测资料、预案演练资料、培训学习资料等。 (3) 汇编类台账主要有:工程管理制度汇编、安全管理制度汇编、预案汇编、年度观测资料汇编等。 (4) 其他类台账还包括组织管理、财务管理、水行政管理、综合管理等。
4	格式要求	(1) 资料台账一般采用A4纸,双面印刷。资料标题一般用二号小标宋体字,正文用三号仿宋体字,表格一般用五号宋体字。第一层为“一”,第二层为“(一)”,第三层为“1”,第四层为“(1)”。 (2) 记录本应印刷成册,一般每年度1月1日启用新册。
5	注意事项	(1) 技术资料收集整理应考证清楚、项目齐全、数据可靠、方法合理、图表完整、说明完备。 (2) 图形比例尺满足精度要求,图面线条清晰,标注整洁。

考核要点:

1. 资料台账是否齐全、完整、认真、规范。
2. 资料台账是否及时记录、整理。

重点释义：

1. 江苏省《水闸工程管理规程》(DB32/T 3259—2017)规定：

(1) 按照有关规定建立完整的技术档案，及时整理归档各类技术资料。

(2) 水闸平、立、剖面图、电气主接线图、启闭机控制图、始流时闸下安全流量-水位关系曲线、流量-水位-开度关系曲线、主要设备检修情况揭示图及主要技术指标表等应齐全，并在合适位置明示。

(3) 水闸工程管理单位应及时对技术资料进行收集整理与整编。

(4) 对于控制运用频繁的水闸，运行资料整理与整编宜每季度进行 1 次；对于运用较少的水闸，运行资料整理与整编宜每年进行 1 次。资料整理与整编应包括以下内容：

① 有关水闸管理的政策、标准、规定及管理办法、上级批示和有关的协议等。

② 水闸建设及技术改造的规划、设计、施工、验收等技术文件。

③ 各项控制运用工作原始记录，包括操作记录表格及工程相应效果记录。

④ 工程检查观测、维修养护、加固、安全鉴定资料及科学研究等方面的技术文件、资料及成果等。

⑤ 工程运用工作总结。

⑥ 有条件的单位可将对应的影像资料一并整理存档。

2. 综合类台账一般包括值班记录、工程大事记等。

3. 检查观测类台账一般包括日常巡视记录表、经常检查记录表、定期检查记录表、专项检查记录表以及垂直位移、河床断面、测压管观测资料。

4. 维修养护类台账一般包括维修项目管理卡、养护项目管理卡等。

5. 运行操作类台账一般包括《工程调度记录》、《闸门启闭记录》、闸门启闭命令票、工作票、操作票等。

6. 设备管理类台账一般包括《柴油发电机运转记录》《配电房操作记录》《监控系统运行情况记录》《监控系统维修情况记录》、机电设备台账、设备缺陷管理台账以及设备等级评定资料等。

7. 安全生产类台账一般包括安全生产台账、《桥梁安全检查记录》、安全隐患排查整治台账、安全生产责任状、应急预案演练台账、灭火器检查卡等。

8. 水行政管理类台账一般包括水行政执法巡查月报表以及执法巡查文字小结等。

9. 达标创建类台账一般包括水管单位创建、水利风景区创建、安全标准化创建台账等。

4.14 档案管理工作标准

工作标准：

档案管理工作标准如表4.15所示。

表4.15 档案管理工作标准

序号	项目	工作标准
1	一般定义	档案管理是指利用科学的原则和方法管理档案，包括档案的收集、整理、保管、鉴定、统计和提供利用的活动等。
2	一般规定	(1) 建立档案管理制度，由熟悉了解工程管理、掌握档案管理知识并经培训取得上岗资格的专职或兼职人员管理档案，档案设施齐全、清洁、完好。 (2) 按照有关规定建立完整的技术档案，及时整理归档各类技术资料。 (3) 推行档案管理电子化。 (4) 各类工程和设备均应建档立卡，文字、图表等资料应规范齐全，分类清楚，存放有序，按时归档。 (5) 严格执行保管、借阅制度，做到收借有手续，按时归还。 (6) 档案管理人员工作变动时，应按规定办理交接手续。
3	归档范围	(1) 文书档案归档范围：① 本单位形成的文件材料，包括会议文件材料、正式文件、较重要的材料。② 上级单位的文件材料，包括需贯彻执行的会议主要文件材料，本单位主要业务的文件及非本单位主管业务的法规性文件；上级领导视察、检查本单位的文件材料。③ 同级单位和非隶属单位的文件材料。 (2) 工程技术文件归档范围：① 工程建设(包括工程兴建、扩建、加固、改造)技术文件。② 工程管理技术文件(包括运行管理、观测检查、维修养护等)。 (3) 其他类档案还包括会计档案、声像档案、实物档案、电子档案等。
4	注意事项	(1) 党政机关的非法规性的一般文件，上级、同级、不相隶属的机关不需办理的文件、抄件，本单位文件的草稿，内部抄送的文件材料，这些不属于归档范围，不应归档。 (2) 档案的管理应符合国家档案管理的规范，并按要求进行档案的整理、排序、装订、编目、编号、归档，确定保管期限。 (3) 档案柜架标识清楚、排列整齐、间距合理；档案种类、数量清楚。 (4) 定期对档案保管状况进行检查，落实库房防火、防盗、防光、防水、防潮、防冲、防尘、防高温等措施，确保档案安全。

考核要点：

1. 档案管理制度是否健全。

2. 档案管理设施是否齐全。

3. 档案归档借阅、利用是否规范、完整。

重点释义：

1. 江苏省《水闸工程管理规程》(DB32/T 3259—2017)规定：

(1) 水闸工程管理单位应建立技术档案管理制度，应由熟悉了解工程管理、掌握档案管理知识并经培训取得上岗资格的专职或兼职人员管理档案，档案设施齐全、清洁、完好。

(2) 按照有关规定建立完整的技术档案，及时整理归档各类技术资料。

(3) 开展档案管理达标工作。

(4) 技术档案包括以文字、图表等纸质件及音像、电子文档等磁介质、光介质等形式存在的各类资料。

2.《江苏省水利工程管理考核办法(2017 年修订)》(苏水管〔2017〕26 号)规定：

档案管理制度健全，配备档案管理专业人员；档案设施齐全、完好；各类工程建档立卡，图表资料等规范齐全，分类清楚，存放有序，按时归档；档案管理信息化程度高；档案管理获档案主管部门认可或取得档案管理单位等级证书。

3. 工程建设技术文件，是指工程建设项目在立项审批、招投标、勘察、设计、施工、监理及竣工验收全过程中形成的文字、图表、声像等以纸质、胶片、磁介、光介等载体形式存在的全部文件。按《江苏省水利厅基本建设项目(工程)档案资料管理规定》的要求，从立项开始随工程进程同步进行收集整理。建设单位应在工程竣工验收后 3 个月内，向工程管理单位移交整个工程建设过程中形成的工程建设技术文件。

4. 工程管理技术文件，是指工程建成后的工程运行、工程维修、工程管理全过程中形成的全部文件，应包括：工程管理必需的规程、规范；工程基本数据、工程运行统计、工程大事记等基本情况资料；设备随机资料、设备登记卡、设备普查卡、设备评级卡等设备基本资料；设备大修卡、设备维修养护卡、设备修试卡、设备试验卡等设备维护资料；工程运用资料；工程维修资料；工程检查资料；工程观测资料以及工程管理相关资料：防洪、抗旱方面的文件、消防资料、水政资料、科技教育资料等。

5. 管理单位应在管理机构、人员配备、制度建设、明确职责、经费保障和设备设施配备等方面，为档案工作开展提供条件，保障档案工作顺利进行。

6. 应归档的文件材料的内容已达到完整、准确、系统；形式已满足字迹清楚、图样清晰、图表整洁、标注清楚、图纸折叠规范、签字手续完备;归档手续、时间与档案移交符合要求。

7. 管理单位应根据国家《档案法》《保密法》及水利部《水利科学技术档案管理规定》等有关法律法规,制定《档案管理制度》《档案保密工作制度》《档案利用制度》《档案保管制度》《档案收集归档制度》《档案统计鉴定移交制度》《档案人员岗位责任制》等规章制度,并张贴上墙,做到有章可循,明确日常管理的程序和要求,规范工程档案管理,维护项目档案的完整性与资料真实性。

8. 管理单位应设立档案专用库房,档案库房应满足档案管理要求,库房管理应贯彻"以防为主、防治结合"的原则,切实做好温湿度控制、防治有害生物、防尘、防火、防盗、档案保管检查等方面的工作。

4.15 预案编制工作标准

工作标准:

预案编制工作标准如表 4.16 所示。

表 4.16 预案编制工作标准

序号	项目	工作标准
1	一般定义	预案编制是指为有效控制可能发生的事故,最大程度减少事故及其造成损害而预先制定的工作方案。
2	一般规定	(1) 应急预案编制程序包括成立应急预案编制工作组、资料收集、风险评估、应急能力评估、编制应急预案和应急预案评审 6 个步骤。 (2) 结合本单位部门职能和分工,成立以单位主要负责人(或分管负责人)为组长,单位相关部门人员参加的应急预案编制工作组,明确工作职责和任务分工,制定工作计划,组织开展应急预案编制工作。 (3) 应急预案编制工作组应收集与预案编制工作相关的法律法规、技术标准、应急预案、本单位安全生产相关技术资料、周边环境影响、应急资源等有关资料。 (4) 在危险因素分析及事故隐患排查、治理的基础上,对本单位进行风险评估。 (5) 在全面调查和客观分析本单位应急队伍、装备、物资等应急资源状况基础上开展应急能力评估,并依据评估结果,完善应急保障措施。 (6) 依据本单位风险评估以及应急能力评估结果,组织编制应急预案。 (7) 应急预案编制完成后应组织评审,评审合格后,由单位主要负责人(或分管负责人)签发实施,并进行备案。

（续表）

序号	项目	工作标准
3	注意事项	(1) 应急预案编制应注重系统性和可操作性，做到与相关部门和单位应急预案相衔接。 (2) 应急预案应形成体系，针对各级各类可能发生的事故和所有危险源制订综合应急预案、专项应急预案和现场处置方案。

考核要点：

1. 是否按照规范制订相应的应急预案，预案种类是否齐全。

2. 预案编制是否完整、认真、规范。

3. 是否按照规范及时修订应急预案。

重点释义：

1. 江苏省《水闸工程管理规程》(DB32/T 3259—2017)规定：

(1) 结合工程情况制订工程反事故应急预案，报上级主管部门批准。

(2) 应建立并每年修订防洪预案、防台风预案，报上级防汛指挥部门备案。

2.《生产经营单位生产安全事故应急预案编制导则》(GB/T 29639—2020)规定：

(1) 风险评估主要内容包括：分析生产经营单位存在的危险因素，确定事故危险源；分析可能发生的事故类型及后果，并指出可能产生的次生、衍生事故；评估事故的危害程度和影响范围，提出风险防控措施。

(2) 应急预案评审分为内部评审和外部评审，内部评审由生产经营单位主要负责人组织有关部门和人员进行。外部评审由生产经营单位组织外部有关专家和人员进行评审。

(3) 综合应急预案是生产经营单位应急预案体系的总纲，主要从总体上阐述事故的应急工作原则，包括生产经营单位的应急组织机构及职责、应急预案体系、事故风险描述、预警及信息报告、应急响应、保障措施、应急预案管理等内容。

(4) 专项应急预案是生产经营单位为应对某一类型或某几种类型事故，或者针对重要生产设施、重大危险源、重大活动等内容而制定的应急预案。专项应急预案主要包括事故风险分析、应急指挥机构及职责、处置程序和措施等内容。

(5) 现场处置方案是生产经营单位根据不同事故类型，针对具体的场所、装置或设施所制定的应急处置措施，主要包括事故风险分析、应急工作职责、应急处置和注意事项等内容。生产经营单位应根据风险评估、岗位操作规程以及危险性控制措施，组织本单位现场作业人员及安全管理等专业人员共同编制现场处置方案。

3.《国家安全生产监督管理总局令》(第17号)规定:

(1)应急预案的编制应当符合下列基本要求:符合有关法律、法规、规章和标准的规定;结合本地区、本部门、本单位的安全生产实际情况;结合本地区、本部门、本单位的危险性分析情况;应急组织和人员的职责分工明确,并有具体的落实措施;有明确具体的事故预防措施和应急程序,并与其应急能力相适应;有明确的应急保障措施,并能满足本地区、本部门、本单位的应急工作要求;预案基本要素齐全、完整,预案附件提供的信息准确;预案内容与相关应急预案相互衔接。

(2)生产经营单位应当根据有关法律、法规和《生产经营单位生产安全事故应急预案编制导则》(GB/T 29639—2020),结合本单位的危险源状况、危险性分析情况和可能发生的事故特点,制定相应的应急预案。

(3)生产经营单位编制的综合应急预案、专项应急预案和现场处置方案之间应当相互衔接,并与所涉及的其他单位的应急预案相互衔接。

(4)应急预案应当包括应急组织机构和人员的联系方式、应急物资储备清单等附件信息。附件信息应当经常更新,确保信息准确有效。

(5)有下列情况之一的,应急预案应当及时修订:生产经营单位因兼并、重组、转制等导致隶属关系、经营方式、法定代表人发生变化的;生产经营单位生产工艺和技术发生变化的;周围环境发生变化的,形成新的重大危险源的;应急组织指挥体系或者职责已经调整的;依据的法律、法规、规章和标准发生变化的;应急预案演练评估报告要求修订的;应急预案管理部门要求修订的。

(6)生产经营单位应当及时向有关部门或者单位报告应急预案的修订情况,并按照有关应急预案报备程序重新备案。

4.16 预案演练工作标准

工作标准:

预案演练工作标准如表4.17所示。

表4.17 预案演练工作标准

序号	项目	工作标准
1	一般定义	预案演练是指针对可能发生的事故情景,依据应急预案而模拟开展的应急活动。

（续表）

序号	项目	工作标准
2	一般规定	(1) 每年至少组织一次综合应急预案演练或者专项应急预案演练，每半年至少组织一次现场处置方案演练。 (2) 应急预案演练可采用包括桌面演练、功能演练和全面模拟演习在内的多种演习类型。 (3) 应成立应急演练指挥策划小组，根据选定的演练类型制定应急预案演练方案，演练方案包括下列事项：确定演练时间、目标和演练范围、演练方式，确定演练现场规则，确定演练效果评价人员，安排相关的后勤工作，编写书面报告，演练人员进行自我评估，针对不足及时制定改正措施并确保实施。 (4) 应急预案演练结束后，应当对应急预案演练效果进行评估，撰写应急预案演练评估报告，分析存在的问题，并对应急预案提出修订意见。
3	注意事项	(1) 应当根据预案演练、机构变化等情况对预案适时修订。 (2) 应急培训时间、地点、内容、参加人员和考核结果等情况应当如实计入本单位安全生产教育和培训档案。 (3) 应当按照应急预案的规定，落实应急指挥体系、应急救援队伍、应急物资及装备，建立应急物资、装备配备及其使用档案，并对应急物资、装备进行定期检测和维护，使其处于适用状态。 (4) 坚持预防与应急工作相结合，做好防范和预警工作，最大限度地预防和减少事故造成的人员伤亡、财产损失和社会影响。

考核要点：

1. 预案演练频次是否符合要求。

2. 预案演练及培训台账是否齐全、完整、规范。

重点释义：

1. 江苏省《水闸工程管理规程》(DB32/T 3259—2017)规定：

(1) 应成立防洪抢险和反事故领导小组，完善应急救援组织机构。

(2) 应建立健全各种岗位责任制及反事故工作制度，明确责任。

(3) 应每年组织防洪预案、反事故知识培训和演练。

(4) 应完善各种抢险救灾手段，做好通讯、交通、医疗救护、宣传、后勤保障等工作。

(5) 应按照《防汛物资储备定额编制规程》(SL 298—2004)相关规定测算防汛物资品种及数量，现场储备必要的应急物资、抢险器械和备品备件，落实大宗物资储备。

(6) 在突然发生建筑物险情、设备(设施)故障时，水闸管理单位应立即按照反事故应急预案采取应急抢险措施。

2.《江苏省水利工程管理考核办法(2017年修订)》(苏水管〔2017〕26号)规定:

防汛组织体系健全;防汛责任制落实;防汛抢险队伍的组织、人员、培训、任务落实;防汛抢险预案、措施落实;汛前准备充分,预警、报汛、调度系统完善,配备必要的抢险工具、器材设备,明确大宗防汛物资存放方式和调运线路,物资管理资料完备。

3.《国家安全生产监督管理总局令》(第17号)规定:

(1) 生产经营单位应当按照应急预案的要求配备相应的应急物资及装备,建立使用状况档案,定期检测和维护,使其处于良好状态。

(2) 生产经营单位发生事故后,应当及时启动应急预案,组织有关力量进行救援,并按照规定将事故信息及应急预案启动情况报告安全生产监督管理部门和其他负有安全生产监督管理职责的部门。

(3) 生产安全事故应急处置和应急救援结束后,事故发生单位应当对应急预案实施情况进行总结评估。

4.17 业务培训工作标准

工作标准:

业务培训工作标准如表4.18所示。

表4.18 业务培训工作标准

序号	项目	工作标准
1	一般定义	业务培训是指为职工业务方面所需要的新技术、新工艺和新理论等方面提供所需知识和技能的培训。
2	一般规定	(1) 根据培训制度、人员技术状况,每年制定培训计划。 (2) 业务培训内容、时间和方式应视业务工作需要确定。 (3) 坚持自学有关技术知识,不断提高自己的业务水平。 (4) 定期组织学习有关管理办法、各项规章制度、操作规程及有关管理技术等业务知识。 (5) 定期或不定期安排职工进行理论学习和实践培训。 (6) 根据学习和培训的情况,每年不定期对学习和培训内容进行考核。

（续表）

序号	项目	工作标准
3	注意事项	(1) 因工作需要受本单位指派而参加的其他各项学习、培训，由单位安排学习时间和费用。 (2) 职工在单位统一安排下参加在岗培训，经考试合格后持证上岗。 (3) 统一组织的政治、业务学习，不得无故拒学。

考核要点：

1. 是否有职工培训计划并按计划实施。
2. 职工年培训率是否符合有关规定。

重点释义：

1. 江苏省《水闸工程管理规程》(DB32/T 3259—2017)规定：

(1) 开展职工教育和业务技能培训，不断提高职工队伍素质。

(2) 水闸工程管理人员应学习工程的管理细则和有关技术标准，熟悉工程规划、设计、施工、除险加固等情况，了解工程各部位结构，掌握技术管理业务知识。

(3) 水闸工程管理单位应根据所管工程的情况和要求，建立健全并及时修订教育培训制度。

2.《江苏省水利工程管理考核办法(2017 年修订)》(苏水管〔2017〕26 号)规定：技术工人经培训上岗，关键岗位持证上岗；单位有职工培训计划并按计划落实实施，职工年培训率达到 50%以上。

3. 技术工人需进行岗前培训，闸门运行工、电工等关键岗位应通过专业培训获得具备发证资质的机构颁发的上岗证书，持证上岗。

4. 单位应制订职工培训计划，一般每年一订。培训计划应有针对性，要具体化。明确培训人员、培训内容、培训时间、授课教师、考试(考核)组织、奖惩措施，并将培训的过程资料存档备案。

5. 单位根据学习和培训的情况，每年不定期进行学习和培训内容的考试，考试的结果与职工当年奖金挂钩。

6. 鼓励职工参加业余学习与培训，接受继续教育，但职工参加学习前必须书面报请单位同意，且学习内容与岗位对口。

7. 职工经履行相应申请程序而参加学习、培训并取得毕(结)业证书、合格证书的，享有其他方面同等条件下优先被聘用的权利。

8. 业务培训基本原则

(1) 全员性：培训目的在于提高单位全体职工综合素质与工作能力，所有人员都应充分认识培训工作的重要性，从管理层到职工都要积极参加培训、不断学习进步。

(2) 针对性：培训要有目的，针对实际培训需求进行。

(3) 计划性：培训工作要根据培训需求制定培训计划，并按计划严格执行。

(4) 全程性：培训工作要贯穿岗前、在岗、转岗、晋职的全过程。

(5) 全面性：培训内容上把基础培训、素质培训、技能培训结合起来，培训方式上把讲授、讨论、参观、观摩、委培等多种方式综合运用。

(6) 跟踪性：培训结束后要对培训内容进行考核，考核要有结果与奖罚，要定期、及时检验、评估培训效果。

4.18 会议会务工作标准

工作标准：

会议会务工作标准如表 4.19 所示。

表 4.19 会议会务工作标准

序号	项目	工作标准
1	一般定义	会议会务是指有组织、有领导、有目的的议事活动，是在限定的时间和地点，按照一定的程序进行的。
2	一般规定	(1) 组织会务工作小组，部署会议准备工作。 (2) 研讨会议主题、会议时间、会议地点、参会人员、会议内容、会议材料、数量等。 (3) 发布会议通知，包括会议时间、地点、提交会议材料格式要求、参会人员等。 (4) 明确会议议程，落实参会人员参加情况、会议具体地点情况、参会人员住宿安排情况、会议车辆情况等，形成会务指南。 (5) 根据确定的会议议程，制定会议预算，申请专项会务费用。 (6) 确定横幅、桌签、路引样式和内容，经会议小组领导确认后制作。 (7) 组织布置会议室，并确定室内各项设备到位情况。 (8) 检查各项会务资料到位情况，做好参会签到、会议记录等工作。
3	注意事项	(1) 会务组确定会议主题及会议时间、内容后，要制定详细的会议方案，对材料准备、物资准备、组织安排设定专员负责。 (2) 根据会议方案制定会议预算，并提前申请费用。 (3) 因会务指南需要确定的事项较多，会议通知要提前发布，会务指南可在参会人员到达后分发。 (4) 会务组要提前安排人员到达会议现场，安排会议室、住宿、餐饮事宜。

考核要点：

1. 各项会议管理制度是否建立、健全。

2. 会议纪要是否齐全、完整、认真、规范。

重点释义：

1. 会议会务工作流程一般包括会前准备工作、会中工作、会后工作。

2. 会前准备工作包括：

(1) 确定会议名称、会议性质(现场会、启动会、工作会、研讨会、座谈会、汇报会等)、会议内容、会议范围。

(2) 拟定会议日程和议程。

(3) 草拟会议通知。内容包括:会议名称、目的、主要内容、与会人员范围、地点、会期等。

(4) 下发会议通知。将会议通知传达到每名拟定与会人员,确定每名与会人员是否能如期参会,并及时反馈。同时,如接到上级会议通知,应以纸质文字形式注明会议时间、地点、着装及特殊要求,送至每位与会人员手中。

(5) 准备会议材料(会议文件、讲话发言材料、会议主持词等)。

(6) 布置会场。打扫会场卫生;调试会场音响等设备;摆放桌椅、水杯、矿泉水、名牌、材料;布置会议条幅等。

(7) 会前检查。听取所有会议筹备人员的口头汇报;现场实地检查,包括会议材料的准备情况和会场布置工作;针对可能遗漏的问题,进一步采取补救措施。

3. 会中工作包括：

(1) 签到工作。及时完成会议签到、会议材料发放工作,并确定未到人员是否请假、向谁请假,并督促人员尽快入座。

(2) 主席台热水填补。每半小时对主席台水杯进行补水,如遇特殊情况,可根据现场情况调整补水时间。

(3) 会议记录。随身携带录音笔,及时记录领导发言。

(4) 突发情况处理。面对会议中出现的分会场网络中断、麦克风失声、音响失灵等突发情况,与会工作人员要及时救场,妥善处理。

4. 会后工作包括：

(1) 清理会场。回收领导名牌;打扫会议室卫生。

(2) 会议材料整理。会议结束后 24 小时内,完成录音整理工作。

(3) 会议纪要。会议结束后 48 小时之内,完成会议纪要相关工作,及时发放。

4.19 参观接待工作标准

工作标准：

参观接待工作标准如表4.20所示。

表4.20 参观接待工作标准

序号	项目	工作标准
1	一般定义	参观接待是指对于与单位有业务往来关系的单位或个人提供相应服务的活动。
2	一般规定	(1) 严格执行党和国家有关廉政建设的规定，严控接待范围和标准。 (2) 一切从有利于公务出发，高效透明，务实节俭，简化礼仪，杜绝奢侈浪费现象的发生。 (3) 不得进行超标准接待，不得组织旅游和公务活动无关的参观，不得组织到营业性娱乐、健身场所活动，不得以任何名义赠送礼金、有价证券、纪念品和土特产等。 (4) 严格公务接待审批程序，建立健全公务接待审批制度，统筹安排公务活动接待工作，无公函的公务活动和来访人员一律不予接待。 (5) 接待住宿应当严格执行差旅、会议管理的有关规定。 (6) 公务用餐严格控制接待用餐标准，严格限制陪餐人数。
3	注意事项	(1) 根据天气情况准备出行工具、雨具。 (2) 车辆的安排要执行审批制度，要事先通知驾驶员何时、何地待命。 (3) 讲解人员要做好充分准备，包括音响设备的事先调试等。

考核要点：

1. 参观接待标准执行是否符合规定要求。

2. 参观接待经费管理使用是否符合规定要求。

重点释义：

1. 参观接待原则

(1) 热情礼貌。接待人员是来宾最先接触到的单位人员，接待人员的形象直接影响着来宾对单位印象的判断。因此，在接待过程中接待人员要做到热情礼貌、平等对待，主动为来宾提供各种服务。

(2) 细致周到。接待人员在接待的各个环节需要认真、细致、耐心。

(3) 勤俭节约。接待要做到热情但不过度热情而造成浪费。

(4) 严守单位机密。接待人员在面对单位敏感问题或者机密问题时应具有足够的警惕性，保守单位机密。

(5) 以人为本、尊重个人。在接待过程中，接待人员应本着以人为本、尊重个人的原则，尊重来宾的个人隐私和意愿。

2. 会谈座次安排

(1) 主谈人居中，其他参与会谈的人员按顺序依次向右排列。

(2) 以正门为准，接待方占背门一侧，客人面向正门。

3. 加强对公务接待经费的管理。禁止在接待费中列支应当由接待对象承担的差旅、会议、培训等费用，禁止以会议、培训等名义列支、转移、隐匿接待费用，禁止在非税收入中坐支接待费用，禁止借公务接待名义列支其他费用。

4. 公务接待费的报销要严格按照规范执行。公务接待费的报销凭证应当包括财务票据、派出单位公函(会议通知、电话记录)、接待审批单等。

5. 严格控制陪客人数和接待标准。原则上接待对象在10人以内的，陪餐人数不得超过3人；接待对象超过10人的，陪餐人数不得超过接待对象人数的三分之一。

4.20 安全保卫工作标准

工作标准：

安全保卫工作标准如表4.21所示。

表4.21 安全保卫工作标准

序号	项目	工作标准
1	一般定义	安全保卫是指对水闸管理范围内活动进行监督检查，维护单位人员、财产、治安、消防等安全管理。
2	一般规定	(1) 遵纪守法，遵守单位各项规章制度。 (2) 坚守工作岗位，提高警惕，做好防火、防盗工作。 (3) 负责报纸、杂志、信件的收发工作。 (4) 做好来访人员的检查登记工作。 (5) 维持单位办公场所内外区域的正常秩序。 (6) 外来人员和车辆进出大门，必须问清情况后，方可放行。 (7) 禁止闲杂人员自由进出单位，发现可疑人员及时汇报。 (8) 严格履行执勤、巡查、值班、交接班等登记记录。

（续表）

序号	项目	工作标准
3	工作要求	(1) 管理范围内环境的保护，应遵守以下规定：① 按照有关规定划定工程管理范围和保护范围，并对水闸工程管理范围进行确权划界，领取土地使用证，设置明显界桩；② 按有关规定对水闸保护范围内的生产、生活活动进行安全管理，不得在水闸管理范围内进行爆破、取土、埋葬、建窑、倾倒垃圾或排放有毒有害污染物等危害工程安全的活动发生；③ 应设立上下游安全警戒标志，不得在警戒区内停泊船只、捕鱼、游泳；不得在建筑物边缘及桥面逗留、钓鱼。 (2) 工程设施的保护，应遵守以下规定：① 公路桥两端应设立限载、限速标志，如确需通过超载车辆，应报请上级主管部门和有关部门会同协商，并进行验算复核，采取一定防护措施后，方能缓慢通过；无铺垫的履带车、铁轮车不得直接通过桥面，如果确需过桥，应采用钢板或木板等铺垫后方可通过；② 妥善保护机电设备、水文、通讯、观测设施，防止人为毁坏；非工作人员不得擅自进入工作桥、启闭机房等可能影响工程安全运行或影响人身安全的区域，入口处设置明显的标志；③ 不得在堤身及挡土墙后填土区上堆置超重物料；④ 位于通航河道上的水闸，应设置拦船设施和助航设施。
4	注意事项	(1) 发现问题，立即采取应急措施并及时向值班领导汇报情况。 (2) 熟记火警、匪警及单位领导的电话，出现情况及时报警，并向单位领导报告。

考核要点：

1. 值班记录台账是否齐全、完整、规范。

2. 安全保卫工作制度是否建立、健全，是否执行到位。

重点释义：

1. 工作区管理

(1) 每天下班离开办公室（包括中午下班）应关闭照明灯具、计算机、空调、打印机、扫描仪、电水壶等用电设备。

(2) 禁止在工作区乱拉、私接电线。

(3) 妥善保护水工建筑物、机电设备和水文、通信、观测设施，防止人为毁坏；未经允许非工作人员不得进入工作桥、启闭机房。

(4) 工作区安全器材使用完毕须放还于原处，不可散落在工作区域。

(5) 值班期间不准擅自离岗，不得酒后上岗，发现异常情况要及时妥善处理。

(6) 节假日休息期间，按照单位规定，安排落实好值班人员。值班人员要增强责任心，坚守岗位，发现可疑人员和不安全苗头要及时制止并向领导报告。

2. 做好“五防”工作（防火、防盗、防破坏、防突发事件、防自然灾害），要熟悉单位设施、设备、平面分布以及消防器材位置。

3. 加强同驻地公安派出所的联系，了解当地社会治安情况；加强内部人员教育，加强重点目标管理，做好防盗、防火、防雷击工作，确保单位财产和职工人身安全。

4.21 环境卫生工作标准

工作标准：

环境卫生工作标准如表 4.22 所示。

表 4.22 环境卫生工作标准

序号	项目	工作标准
1	一般定义	环境卫生是指人类身体活动周围的所有环境内，控制一切妨碍或影响健康的因素。
2	一般规定	(1) 加强对管理区范围内的环境、绿化的管理，提高环境质量，营造一个清洁、优美、文明的工作和生活环境。 (2) 保持管理区干净整洁的环境，使每个职工和外来人员都有自觉遵守和维护环境卫生及管理区绿化，养成良好卫生的习惯。 (3) 对影响环境卫生及管理区绿化的行为，任何人员都有权劝阻，对于不听工作人员劝阻的，要加强批评教育。 (4) 严禁畜力车进入管理区道路，严禁履带车直接在管理区道路上行驶，机动车辆、非机动车辆必须停放在指定地点，严禁乱停乱放。 (5) 环境建设有整体规划，符合相邻区域防洪工程整体景观规划；各类建筑物及附属设施布局合理、设施完整、协调美观。 (6) 绿化符合整体规划，植物种植搭配合理，达到四季常青、三季有花。管理区域责任落实，办公和生活设施齐全完好、整齐美观；卫生设施齐全，环境卫生整洁。
3	工作要求	(1) 养成爱卫生的习惯，不随地吐痰，生产及办公场所严禁吸烟，不乱丢瓜皮、果壳、烟头、杂物等，保持室内外场所环境卫生。 (2) 加强包干区的绿化管理工作，不准在生产区、办公区种植蔬菜等，保护绿化，美化环境。 (3) 管理范围内的墙面不得有小广告和乱涂乱画行为。 (4) 值班人员应将当班的垃圾装入垃圾袋内，并投入指定的垃圾场所。 (5) 对易于滋生、聚集蚊蝇的垃圾桶、厕所等，应当采取有效的防治措施，预防和消灭蚊蝇。 (6) 车辆要在指定区域停放，并排列整齐。 (7) 冬季雪停后，要及时清理道路积雪。 (8) 管理范围内宜绿化面积中绿化覆盖率达 95%以上；树木、花草种植合理，宜植防护林的地段要形成生物防护体系；堤坡草皮整齐，无高秆杂草。 (9) 职工菜园管理有序，无乱垦种现象。

（续表）

序号	项目	工作标准
4	注意事项	(1) 不准随便砍伐、挖掘、搬移树木。 (2) 不准在树上钉钉子、拉铁丝、拉绳或直接在树上晒衣服。 (3) 不准在绿地上堆放物品、停放车辆和进行体育活动，更不准践踏草坪。 (4) 不准采摘花朵、果实，不准剪折枝叶。

考核要点：

1. 管理范围内场地、道路及设备区等环境卫生是否干净整洁。

2. 管理范围内水土保持是否良好，绿化程度是否高。

重点释义：

1.《江苏省水利工程管理考核办法（2017 年修订）》（苏水管〔2017〕26 号）规定：

管理范围内水土保持良好、绿化程度高，水生态环境良好；管理单位庭院整洁，环境优美。

2. 管理环境

(1) 总体要求

管理范围内要求清扫保洁到位，总体感觉卫生、整洁，管理良好。

(2) 外围环境

① 无未经批准的临时建筑和乱搭乱建、乱涂乱画、乱张贴现象。

② 无向雨水沟、明沟、绿化区倒杂物和焚烧杂物。

③ 合理配置垃圾箱，摆放整齐，无残缺破损，垃圾箱清理及时，保持箱体周围整洁。

④ 管理范围内无非法摊点。

⑤ 院内无养殖家禽家畜现象。

⑥ 菜园管理有序，无乱垦种现象。

(3) 道路及广场

① 地面干净，无杂物、渣土、积水等，无卫生死角。

② 地面无坑槽、破损现象。

③ 边石整齐，无掉、歪、斜现象。

④ 铺装面层平整、无缺损。

⑤ 沿线边沟内无沉积物、无堵漏。

⑥ 雨水井、检查井盖顶面比周围相对高程要低，下水道畅通无堵塞。

（4）电气

① 路灯、庭院灯、草坪灯等灯具外观良好，工作正常，灯柱不倾斜，无锈迹。

② 网络、电话、电力、有线电视等线路整齐美观。

（5）标志牌匾

① 各类标志牌匾设置齐全、卫生整洁、美观，与建筑物和周围环境保持协调。

② 无未经批准利用构筑物及其附着设施设置户外广告、宣传栏牌以及条幅、招牌等。

③ 橱窗、宣传栏、电子显示屏等，保持完好、整洁、牢固、美观。

（6）车辆停放

车辆停放整齐、有序，停车线清晰，定期刷新。

（7）河道护坡

① 水面清洁，无漂浮垃圾。

② 岸坡整洁，无垃圾、杂草等。

3. 办公生活环境

（1）地面干净清洁，无污物、污水、浮土、纸屑、烟蒂。

（2）墙壁干净清洁，表面无污垢、蜘蛛网，无灰挂。

（3）门窗干净清洁，无尘土，涂层良好，玻璃清洁、透明。

（4）办公桌椅随时保持清洁、无尘土、无破损；办公用品摆放整齐有序；电脑、打印机、电话机等办公设备表面无尘土、污垢；书橱、文件柜内书籍、资料分类摆放整齐，橱顶无乱堆乱放现象，报纸摆放整齐有序，无尘土。

（5）会议室整洁素雅，地面、墙面、桌面干净清洁，无污物、浮尘，烟缸干净。

（6）卫生间洗手池无污垢、无堵塞，大小便池无污垢、无堵塞；厕内墙面、天花板、门窗、隔离板无积灰、污迹、蛛网，照明灯具、冲洗器具等设备完好，无积灰、污物；指示标志完好、整洁。

（7）楼梯过道扶手干净、无积灰，梯面无垃圾；楼道干净整洁。

（8）档案室整洁素雅，地面、墙面、桌面干净清洁，无污物、浮尘；档案柜内整洁、无异味。

（9）职工宿舍及时打扫，环境整洁，物品摆放整齐，被褥叠放有序。

（10）职工食堂及时打扫，环境整洁；炊具干净，无油污；物品摆放整齐。

（11）其他场所及时打扫，环境整洁，物品摆放整齐，房间无异味。

4.22 大事记工作标准

工作标准：

大事记工作标准如表 4.23 所示。

表 4.23 大事记工作标准

序号	项目	工作标准
1	一般定义	大事记是以时间为线索，简明扼要地记述本单位日常工作中发生的重大事件和重要活动的书面材料。
2	一般规定	(1) 基本内容要真实、可靠、准确。 (2) 条目要做到观点正确，详述得体。 (3) 文字要简明扼要。 (4) 时间要准确无误。 (5) 应及时编写。 (6) 格式要统一，层次要清晰。
3	记述内容	(1) 记录单位主要领导来单位的工作活动。包括单位领导布置、检查工作、参加和出席重要活动、听取重要情况汇报、外出参观考察活动等。 (2) 单位召开的重要会议。 (3) 单位重要机构、人事变动。包括批准建立或撤销某机构，单位主要领导同志的人事任免及奖惩。 (4) 单位的重要政治、经济、建设、科研、文化活动，主要工作成果和重大问题，以及发生的重要情况和事件。 (5) 单位向上级呈报的请示、报告，向下级发出的通知、指示、决定、决议等文件，以及单位主要领导同志的重要指示及批示性意见。 (6) 接待上级机关领导、重要客人来单位视察、检查、来访及洽谈、签订重要协议合同等。 (7) 工程运用、定期检查、维修情况。 (8) 其他需要记载的大事、要事。
4	注意事项	(1) 时间顺序的连续性、内容的真实性、文字的概括性要准确。 (2) 既要突出重点，又要覆盖全面，不缺要项。 (3) 一般性、例行性、事务性的不记。

考核要点：

1. 记录内容是否齐全、完整、认真、规范。
2. 大事记是否按规定要求汇编、装订并存档。

重点释义：

1. 记述要求

(1) 存真求实、客观记述。既要反映主流，也不回避问题。

(2) 坚持述而不论。用事实，用数据，直陈其事，摆脱宣传色彩。

(3) 行文要朴实、严谨、简明、通畅，言简意赅，杜绝大话、空话、套话，忌冗杂繁细。

(4) 记述时应用规范的现代语体文、记述体，不描写，不抒情，避免个人感情色彩。

(5) 人物首次出现，写清职务、身份，再次出现时直书其名。不加"同志""先生"等称谓。

(6) 精心选好典型，用典型说话。典型同面上情况结合，可相互补充，交相辉映，达到见微知著、反映一般的效果。

(7) 大事记为条目体，按年月日顺序记述。就是首先标明年份，年之下记月份，月份之下记日期，日期之下写史实。有月份而具体日期不明者，记于月之下，称"是月"；月份不明者，记于年之下，称"是年"。

(8) 大事记一条只记一件事，不记多件事。同一天发生两件或多件大事，一般依事件重要程度分两条或多条记述，不要体现多个事件的综合情况。依次第一条开头写清日期，接着记事；第二件大事另起一行，开头加三角形"Δ"，表示与第一条同一天，接着记事，余类推。

(9) 采取集中记述或分阶段集中记述始末的事条，一般放在事件开始之日写起，中间记发展演变与转折，最后记结果。

(10) 大事记记述一般要具备时间、地点、人物(机构)、过程、结果"五要素"。实际上并不是每一件事都同时具备这五要素，要从实际出发。只记某年某月某日发生的事，年月日三者都不清楚的不记。

(11) 只记可靠的准确的事。道听途说、未经核实的事不记。

(12) 机构、会议、文件首次出现时用全称(在括弧内注明规范简称)，再记时用简称。

(13) 大事记不收录表(统计表、一览表)、图像资料。

(14) 大事记初稿对重要事件注明资料出处，便于审稿时审核。

2. 大事记的开头结合单位工作的特点，采用直叙式开头。

3. 大事记的内容，要记载大事活动的时间、地点、人物、事件、经过、原因、结果等要素。由于大事、要事的具体情况不同，不必在一篇大事记中同时具备全部要素。

4. 大事记的结尾要简洁，可根据需要进行必要的"补遗""补正""附录"工作，使大事记的内容更加准确、完善。

5. 大事记的具体编写工作由指定人员具体负责，各部门提供相应素材。采用每年一期的原则，在次年的年初编撰上一年的大事记。

4.23 值班及交接班工作标准

工作标准：

值班及交接班工作标准如表 4.24 所示。

表 4.24 值班及交接班工作标准

序号	项目	工作标准
1	一般定义	值班及交接班是指在当值的班次里担任工作，并在值班完成后把工作任务移交给下一班。
2	一般规定	(1) 各级值班人员要服从上级单位调度人员的命令(除严重威胁设备和人员安全外)，若不能执行应及时向发令人汇报并说明情况。 (2) 值班人员服装要整洁，挂牌上岗。不得穿背心、短裤和拖鞋值班；不准迟到、早退，不得擅离职守，不准酒后上岗。 (3) 要认真巡查巡视，严格值班制度、巡视检查制度、交接班制度等。值班时，不做与值班工作无关的事。如遇特殊情况须离开岗位，必须征得值班负责人的同意，方可离开。值班记录要按时填写，并记录清楚、正确、详细，严禁伪造数据。 (4) 发生异常情况，要及时反映，迅速处理，不得弄虚作假，隐瞒情况。
3	卫生保洁	(1) 值班室保持清洁、卫生，空气清新、无杂物。 (2) 值班室墙面设有值班管理制度。 (3) 值班室桌面电话机、记录资料等应定点摆放，无其他杂物。 (4) 值班室窗帘保持洁净，空调设施完好。
4	注意事项	(1) 严禁酒后上班，交班人员如发现接班人员有饮酒者应拒绝交班，并向有关领导报告。 (2) 接班人员必须按规定提前 15 分钟进入现场，查看值班及运行记录，全面了解相关情况。 (3) 值班人员应提前做好交接的准备，将本班重要事项及有关情况记录齐全，交接班时向接班人员交代清楚。 (4) 处理事故或进行重要操作时不得进行交接班，但接班人员可以在当班负责人的统一指挥下协助工作，待处理事故或操作告一段落，双方值班负责人同意后方可进行交接班。 (5) 接班人员应认真听取交班人员的交代，务必做到全面清楚地掌握工程运行情况，交班人员应认真回答接班人员的询问，虚心听取接班人员对本班工作提出的意见，做好未做完的工作方可离开现场。 (6) 交接班时应做到：看清、讲清、查清、点清，接班人员除检查工程运行情况外，还需检查环境卫生等。 (7) 交班人员在未办完交班手续前不得私自离开岗位，如接班人员未到，交班人员应报告有关领导并继续值班，直至有人接替为止，但不可连值两班，延时交班时，交接班手续不得从简。

考核要点：

1. 值班记录是否齐全、完整、认真、规范。

2. 值班制度是否健全，是否落实到位。

重点释义：

1. 水情调度值班：24 小时保证电话畅通无阻，及时传达上级单位的水情调度指令，做好详细的电话和水情调度记录。

2. 汛期值班工作制度

(1) 加强汛期值班，值班人员要严守工作岗位，确保 24 小时人员在岗。

(2) 值班人员出差或请假一天以上，需经主要领导同意，并同时明确现场负责人。

(3) 单位领导出差在外时不得关闭手机，汛期保持 24 小时开机。

(4) 严格执行运行调度指令，首次开闸一般要求在接到指令 2 小时内完成，并及时、准确上报工程运行信息。如遇特殊情况要及时向上级汇报，并采取应对措施。

(5) 加强对建筑物、设备运行状态的检查、观测，发现问题及时处理，发生险情应立即组织抢险并及时上报。

(6) 严格执行各项操作规程、运行规程、安全规程及其他各项规章制度。

(7) 做好值班记录，严格交接班制度。

3. 运行值班制度

(1) 值班人员应严格执行各项规章制度，不迟到，不早退，不得擅自离开工作岗位，如遇特殊情况须离开岗位，必须得到本班班长的同意后，方可离开。

(2) 值班人员应集中思想，认真操作，认真值班，不做与值班工作无关的事，不负责接待参观，不准睡觉、离岗，更不准酒后上班。

(3) 值班人员服装整齐，不准穿背心、短裤和拖鞋值班。女职工在当班时不可长发披肩。

(4) 值班人员要认真负责，确保设备运行安全。设备发生异常现象时，要及时发现，认真检查分析，及时处理。

(5) 值班室、控制室、厂房内等工作场所严禁吸烟。

4.24 设备等级评定工作标准

工作标准：

设备等级评定工作标准如表 4.25 所示。

表 4.25 设备等级评定工作标准

序号	项目	工作标准
1	一般定义	设备等级评定是指对闸门、启闭机等设备进行总体评价然后进行等级划分。
2	一般规定	(1) 评级工作按照评级单元、单项设备、单位工程逐级评定。 (2) 评级单元为具有一定功能的结构或设备中自成系统的独立项目,如闸门的门叶、启闭机的电机、技术资料等,按下列标准评定一类、二类、三类。① 一类单元:主要项目 80%(含 80%)以上符合评级单元标准规定,其余项目基本符合规定;② 二类单元:主要项目 70%(含 70%)以上符合评级单元标准规定,其余项目基本符合规定;③ 三类单元:达不到二类单元者。 (3) 单项设备为由独立部件组成并且有一定功能的结构或设备,如闸门、启闭机,按下列标准评定一类、二类、三类。① 一类设备:结构完整,技术状态良好,能保证安全运行,所有评级单元均为一类单元;② 二类设备:结构基本完整,局部有轻度缺陷,可在短期内修复,技术状态基本完好,不影响安全运行,所有评级单元均为一类、二类单元;③ 三类设备:达不到二类设备者。 (4) 单位工程为以单元建筑物划分的结构和设备,如节制闸闸门或启闭机,按下列标准评定一类、二类、三类。① 一类单位工程:单位工程中的单项设备 70%(含 70%)以上评为一类设备,其余均为二类设备;② 二类单位工程:单位工程中的单项设备 70%(含 70%)以上评为一类、二类设备;③ 三类单位工程:达不到二类单位工程者。
3	评级时间	(1) 泵站、水电站每年 1 次,水闸每 2 年开展 1 次设备等级评定工作,可结合定期检查进行。 (2) 设备大修时,应结合大修进行全面评级;非大修年份应结合设备运行状况和维护保养情况进行相应的评级。 (3) 设备更新后,应及时进行评级。 (4) 设备发生重大故障、事故经修理投入运行的次年应进行评级。 (5) 投入运行不满 3 年或正在进行更新改造的工程,不进行设备评级。
4	注意事项	(1) 单项设备被评为三类的应及时整改;单位工程被评为三类的,应向上级主管部门申请安全鉴定,并落实处置措施。 (2) 水闸工程管理单位应编写设备评定报告。

考核要点：

1. 闸门、启闭机等设备等级评定情况。
2. 评定程序和报告是否齐全、完整、认真、规范。

重点释义：

1. 江苏省《水闸工程管理规程》(DB32/T 3259—2017)规定：

(1) 水闸工程管理单位应定期对闸门、启闭机等进行设备评级。

(2) 设备评定报告主要内容包括：工程概况；评定范围；评定工作开展情况；评定结果；存在问题与措施；设备评级表。

(3) 设备评级、设备等级评定情况、设备等级评定汇总表、闸门设备等级评定、启闭机设备等级评定、机电设备等级评定参照有关表式填写。

2.《江苏省水利工程管理考核办法(2017年修订)》(苏水管〔2017〕26号)规定：

按照《水利水电工程闸门及启闭机、升船机设备管理等级评定标准》(SL 240)规定开展闸门、启闭机设备等级评定工作，评定结果报经上级主管部门认定。

3.《江苏省水利工程运行管理督查办法(试行)》(苏水管〔2013〕68号)规定：

对水闸管理单位运行管理工作主要督查内容：设备等级评定、安全鉴定以及采取的除险加固处理或病险水闸运行应急处理措施，隐患排查及整改落实情况。

4. 评级应根据近三年汛前、汛后检查情况、汛前运行情况及维修检修记录、观测资料、电气试验资料、水下检查资料、缺陷记载等情况进行，对照水闸等级评定表中的设备名称、评级单元、评定项目等相关要求，详细填写并签字。

5. 工程评级流程：成立评级小组→对照评级标准核定评级表→对照评价表查阅定期检查情况、试验记录、维修记录、运行情况、观测资料等→评级汇总，形成自评报告→自评报告上报上级部门→上级批复→设备挂牌→资料汇总归档。

4.25 维修项目管理工作标准

工作标准：

维修项目管理工作标准如表4.26所示。

表 4.26　维修项目管理工作标准

序号	项目	工作标准
1	一般定义	维修项目是指对已建水利工程及附属设施在运行中和全面检查发现的损坏和问题，进行必要的整修和局部改善，有必要对其进行规范化管理。
2	一般规定	(1) 项目管理的内容一般包括：申请立项、施工管理、经费管理、项目验收、项目考核等。 (2) 项目管理的流程一般包括：工程检查、项目编报、经费下达、实施方案报批、招标采购、签订合同、开工备案、施工管理、初步验收、项目结算、资料审查、竣工审计、竣工验收、项目考核。 (3) 管理单位成立工程项目管理领导小组，领导小组负责工程项目的立项审查、检查验收、违规处理等。 (4) 实施单位(部门)对单个工程项目负主体责任，具体负责单个工程项目的质量、进度、安全和资金、合同、档案管理，负责工程项目的全流程管理。 (5) 工程管理部门负责工程项目管理的总协调，具体负责立项报批、方案审查和项目实施过程的督促、检查、指导、验收。 (6) 财务(审计)部门负责工程项目的经费管理，具体负责经费拨付、合同管理、财务审计。 (7) 监察部门负责工程项目实施合法合规性的监督检查。
3	工作要求	(1) 维修项目的实施实行项目负责制，项目负责人为项目实施单位(部门)负责人或分管负责人，项目技术负责人为具备初级以上技术职称的技术人员。 (2) 项目实施单位(部门)应按上级主管部门的要求做好工程项目实施进度的统计工作，每月底前向管理部门报送工程形象进度和财务支出进度。 (3) 维修项目一般应于9月底前完成，关系工程度汛安全的项目力争于主汛期到来前完成，所有工程项目应在项目下达年度内完成项目结算、支付、验收等手续。 (4) 项目坚持安全第一、质量为本的方针。 (5) 项目实行合同备案制、开工备案制、技术交底制和安全交底制。选定施工单位后，应于规定时间内签订施工合同并上报开工备案表；项目开工前由项目实施单位(部门)组织施工单位开展技术交底和安全交底，并留有书面记录。 (6) 对涉及结构安全、专业性强、技术要求高的工程项目，应委托进行专业设计，必要时可组织专家论证；专业性较强的项目应委托第三方对工程质量进行检测，其他项目鼓励委托第三方对工程质量进行检测。 (7) 做好项目大事记，主要记录检查验收、开工完工、材料进场、工序报验、工程进展等情况。

（续表）

序号	项目	工作标准
4	注意事项	(1) 工程管理部门每年定期组织对工程维修项目计划集中审查。 (2) 维修项目计划编报必须具有以下内容：编制说明（包括项目名称、维修缘由、工程位置、工程范围、主要工程量及经费等）；初步设计图及说明；项目预算、工程量计算表、单价分析表；维修部位照片。 (3) 项目实施时要采取措施确保施工安全，确保安全意识、安全措施、安全行动贯穿于工程始末。

考核要点：

1. 维修项目实施进度及完成情况。

2. 维修项目规章制度执行及流程履行情况。

3. 维修项目按照相关规程规范实施和质量控制检验情况。

4. 维修项目管理卡是否齐全、规范。

重点释义：

1. 江苏省《水闸工程管理规程》(DB32/T 3259—2017)规定：

(1) 水闸工程的养护维修内容主要包括混凝土及砌石工程、堤岸及引河工程、闸门、启闭机、电气设备、通信及监控设施、管理设施等。

(2) 水闸工程的养护维修应坚持"经常养护、及时维修、养修并重"，对检查发现的缺陷和问题，应随时进行养护维修。

(3) 应按照招投标或集中采购的有关规定，选择具有施工资质和能力的维修施工队伍，并加强项目管理。

(4) 水闸工程的维修分为小修、大修和抢修，按下列规定划分界限：

① 小修是根据汛后全面检查发现的工程损坏和问题，对工程设施进行必要的整修和局部改善。机电设备一般每年小修 1 次，对运用频繁的机电设备应酌情增加小修次数。

② 大修是当工程发生较大损坏或设备老化，修复工程量大，技术较复杂时，采取有计划的工程整修或设备更新。

③ 抢修是当工程及设备遭受损坏，危及工程安全或影响正常运用时，立即采取抢护措施。

(5) 水闸工程养护维修应符合下列要求：

① 应以恢复原设计标准或局部改善工程原有结构为原则，根据检查和观测成果，结合工程特点、运用条件、技术水平、设备材料和经费承受能力等因素制定维修方案。

② 应根据有关规定明确各类设备的检修、试验和保养周期,并及时进行设备等级评定。

③ 应根据工程及设备情况,配备必要的备品、备件。

④ 工程出险时,应按应急预案组织抢修。抢修工程应做到及时、快速、有效;在抢修的同时报上级主管部门,必要时,应组织专家会商论证抢修方案。

⑤ 应建立单项设备技术管理档案,逐年积累各项资料,包括设备技术参数、安装、运用、缺陷、养护、维修、试验等相关资料。

(6) 水闸工程养护维修项目验收合格后,应将有关资料整理归档。

(7) 工程养护维修项目实行项目管理卡制度,分别建立工程养护、维修项目管理卡。管理卡建立应符合下列要求:

工程维修项目管理卡主要包括实施计划审批、实施方案、项目预算、开工报告、实施情况、质量检查及验收、工程量核定、竣工决算、竣工总结、竣工验收等内容。

2.《江苏省水利工程管理考核办法(2017 年修订)》(苏水管〔2017〕26 号)规定:

按要求编制维修计划和实施方案,并上报主管部门批准;加强项目实施过程管理和验收;项目管理资料齐全;日常养护资料齐全,管理规范。

3.《江苏省水利工程运行管理督查办法(试行)》(苏水管〔2013〕68 号)规定:

对水闸管理单位运行管理工作主要督查内容:维修养护项目编制、申报情况;项目实施方案编制情况;项目实施中质量、安全、进度、资金管理情况;项目验收、资料归档等情况。

4. 维修项目计划任务下达后,项目实施程序如下:

(1) 项目实施方案在经费下达后 30 日内报上级管理部门审批,内容包括:项目实施计划审批表、项目实施方案、项目预算,填写格式详见维修项目管理卡填写说明。

(2) 实施方案中应明确项目的位置、现状、主要工程量、施工方案等,重点强调项目质量和安全管理措施。

(3) 项目招标采购按照有关规定由上级管理部门或项目实施单位(部门)项目管理小组负责,具体按照管理单位采购管理办法执行。

(4) 工程项目实行合同备案制和开工备案制。备案提供的附件包括:招投标等确定的施工单位材料(本单位自行实施的可不附);施工组织设计(投标文件如有,可不另报送);施工图(如不需要可不附);施工合同复印件。

(5) 施工组织设计应由施工单位编制,应明确施工单位在此项目中人员、材料、机械投入,工期进度安排,质量标准,施工工艺,安全管理等。

5. 上级管理部门审查任务包括:工程项目实施必要性、技术方案合理性、预算准确性和文本格式等。每年 10 月份集中审查一次后,提出下年度工程项目申报计划,经单位领导研究后行文报省水利厅、财政厅。

6. 项目实施单位(部门)应在工程项目开工前和施工期间，对安全防护措施、安全防护设施、安全标识标牌等进行检查，对特种作业人员的作业证进行审查。施工过程中，项目实施单位(部门)应经常对脚手架搭设、高空悬挂、临时用电及其他安全生产内容进行专项检查。涉及危险性较大及隐蔽工程的，须要求施工单位编制专项方案。

7. 维修项目验收可分为阶段验收、初步验收、竣工验收、质保期结束验收四个阶段。

8. 阶段验收由项目实施单位(部门)及时组织，验收小组由工程技术及相关人员组成，对工序质量的检查记录和评定的结果及相关资料进行验收。阶段验收不合格的，不得进行下一道工序施工。

9. 初验由项目实施单位(部门)组织，由其工程、财务及相关技术人员参加，在工程完工后及时进行。初验内容包括:批复的工程量和工程经费的完成情况、工程质量情况、项目管理卡填写情况等。对工程存在问题提出处理方案，形成初验意见。初验后，应在5日内完成结算支付手续。

10. 竣工验收程序:听取项目实施单位(部门)和施工单位关于项目实施情况的汇报，查看工程现场，抽查工程质量，查阅项目管理卡，查阅财务支付资料，查阅审计报告，评定工程质量，形成验收会议纪要，参与人员签字。竣工验收主要内容:是否完成批复的工程内容，质量资料、支付和计量资料是否齐全，经费使用是否符合规定(是否通过竣工审计)，阶段验收、初验是否符合程序，招标采购及其他实施流程是否规范，有无遗留问题，维修项目管理卡填写的内容是否齐全，工程现场、技术资料、财务资料是否一致等。

11. 质保期结束验收由项目实施单位(部门)组织，验收后支付质保金。

4.26 养护项目管理工作标准

工作标准:

养护项目管理工作标准如表4.27所示。

表 4.27 养护项目管理工作标准

序号	项目	工作标准
1	一般定义	养护项目是指对已建水利工程经常检查发现的缺陷和问题，随时进行保养和局部修补，以保持工程及设备完整清洁，有必要对其进行规范化管理。

（续表）

序号	项目	工作标准
2	一般规定	(1) 养护项目管理的内容一般包括：施工管理、经费管理、项目验收等。 (2) 养护项目管理的流程一般包括：经费下达、招标采购、施工管理、初步验收、项目结算等。 (3) 养护项目按工程建立"养护项目管理卡"，一式两份，一份留存在项目管理单位备查，一份(可用复印件)留存在上一级主管单位。 (4) 养护项目下达后，项目管理单位编制工程年度(季度)养护实施方案，报上级单位审批。 (5) 养护项目完工后，项目管理单位及时组织初步验收，即对分项养护项目进行内部验收。 (6) 管理单位按年度进行养护总结，包括：施工单位的选择情况、完成的主要养护工程量、质量管理、经费使用、验收情况以及遗留的主要问题等。 (7) 项目管理单位按有关要求将"养护项目管理卡"及时归档。
3	注意事项	(1) 养护实施方案需项目管理单位主要负责人和技术负责人签字。 (2) 工程养护分项情况表是对每个零星项目实施的详细记录，可根据养护项目的数量，复制重复使用。 (3) 工程养护决算表要逐条列出各分项养护项目的名称、项目编号以及经费，签订合同的要有合同编号。 (4) 项目实施时要采取措施确保施工安全，确保安全意识、安全措施、安全行动贯穿于工程始末。 (5) 填写"养护项目管理卡"须认真规范，签名一律采用黑色墨水笔。

考核要点：

1. 养护项目实施进度及完成情况。
2. 养护项目采购流程履行情况。
3. 养护项目按照相关规程规范实施和质量控制检验情况。
4. 养护项目管理卡是否齐全、规范。

重点释义：

1. 江苏省《水闸工程管理规程》(DB32/T 3259—2017)规定：

(1) 工程养护维修计划应根据相关定额编制，并按规定时间上报。

(2) 工程养护维修计划经批准后，应及时组织实施，凡影响安全度汛的项目应在汛前完成。需跨年度实施的项目，应上报批准。

(3) 工程养护维修项目实行项目负责人制度，根据批准的计划，认真编制施工方案，并按照批准的方案组织实施，保质、保量、按时完成。

(4) 养护维修项目完工后，应及时组织竣工验收。

（5）工程养护维修项目实行项目管理卡制度，分别建立工程养护、维修项目管理卡。管理卡建立应符合下列要求：

工程养护项目管理卡主要包括实施方案审批、养护情况、养护预算、养护决算、养护总结、竣工验收等内容。

（6）经常检查水闸预警系统、防汛决策支持系统、办公自动化系统及自动监控系统，及时修复发现的故障、更换部件或更新软件系统。

（7）管理设施养护维修

① 控制室、启闭机房等房屋建筑地面、墙面应完好、整洁、美观，通风良好，无渗漏。

② 管理区道路和对外交通道路应经常养护，保持通畅、整洁、完好。

③ 经常清理办公设施、生产设施、消防设施、生活及辅助设施等，办公区、生活区及工程管理范围内应整洁、卫生，绿化经常养护。

④ 定期对工程标牌（包括界桩、界牌、安全警示牌、宣传牌等）进行检查维修或补充，确保标牌完好、醒目、美观。

⑤ 工程主要部位的警示灯、照明灯、装饰灯应保持完好，主要道路两侧或过河、过闸的输电线路、通信线路及其他信号线，应排放整齐、穿管固定或埋入地下。

2.《江苏省水利工程管理考核办法（2017 年修订）》（苏水管〔2017〕26 号）规定：

① 加强项目实施过程管理和验收；项目管理资料齐全；日常养护资料齐全，管理规范。

② 混凝土工程的维修养护。混凝土结构表面整洁；对破损、露筋、裂缝、剥蚀、严重碳化等现象采取保护措施，及时修补；消能设施完好；闸室无漂浮物。

③ 砌石工程的维修养护。砌石结构表面整洁；砌石护坡、护底无松动、塌陷、缺损等缺陷；浆砌块石墙身无渗漏、倾斜或错动，墙基无冒水冒沙现象；防冲设施（防冲槽、海漫等）无冲刷破坏。

④ 防渗、排水设施及永久缝的维修养护。水闸防渗设施有效；反滤设施、减压井、导渗沟、排水设施等完好并保持畅通；排水量、浑浊度正常；永久缝完好；止水效果良好。

⑤ 土工建筑物的维修养护。岸坡无坍滑、错动、开裂现象；堤岸顶面无塌陷、裂缝；背水坡及堤脚完好，无渗漏；堤坡无雨淋沟、裂缝、塌陷等缺陷；堤顶路面完好；岸、翼墙后填土区无跌落、塌陷；河床无严重冲刷和淤积。

⑥ 闸门维修养护。钢闸门表面整洁，无明显锈蚀；闸门止水装置密封可靠；闸门行走支承零部件无缺陷；钢门体的承载构件无变形；吊耳板、吊座没有裂纹或严重锈损；运转部位的加油设施完好、畅通；寒冷地区的水闸，在冰冻期间应因地制宜地对闸门采取有效的防冰冻措施。

⑦ 启闭机维修养护。防护罩、机体表面保持清洁；无漏油、渗油现象；油漆

保护完好；标识规范、齐全。

⑧ 机电设备及防雷设施的维护。对各类电气设备、指示仪表、避雷设施、接地等进行定期检验，并符合规定；各类机电设备整洁，及时发现并排除隐患；各类线路保持畅通，无安全隐患；备用发电机维护良好，能随时投入运行。

3.《江苏省水利工程运行管理督查办法(试行)》(苏水管〔2013〕68号)规定：

对水闸管理单位运行管理工作主要督查内容：维修养护项目实施情况。维修养护项目编制、申报情况；项目实施方案编制情况；项目实施中质量、安全、进度、资金管理情况；项目验收、资料归档等情况。

4. 养护项目的验收由各实施单位负责初验，每年初管理单位对上年度工程养护情况进行检查验收，对养护工作作出综合评价。

5. 项目实行项目管理卡制度，填写养护项目管理卡，相关资料要全部纳入。

4.27 钢丝绳养护工作标准

工作标准：

钢丝绳养护工作标准如表4.28所示。

表4.28 钢丝绳养护工作标准

序号	项目	工作标准
1	一般定义	钢丝绳养护是指为有效地延长钢丝绳的使用寿命，采取合理的养护方法及时养护，从而确保水闸安全运行。
2	一般规定	(1) 钢丝绳应定期清洗保养，并涂抹防水油脂。 (2) 钢丝绳达到《起重机 钢丝绳 保养、维护、检验和报废》(GB/T 5972—2016)规定的报废标准时，应予更换。 (3) 钢丝绳与闸门连接端断丝超标时，其断丝范围不超过预绕圈长度的二分之一时，允许调头使用。 (4) 更换钢丝绳时，缠绕在卷筒上的预绕圈数，应符合设计要求。无规定时，应大于4圈，其中2圈为固定用，另外2圈为安全圈。 (5) 钢丝绳在卷筒上固定应牢固，压板、螺栓应齐全，压板、夹头的数量及距离应符合《水利水电起重机械安全规程》(SL 425—2008)的规定。 (6) 钢丝绳在卷筒上应排列整齐，不咬边、不偏档、不爬绳。 (7) 发现绳套内浇注块粉化、松动时，应立即重浇。 (8) 闸门钢丝绳应保持两吊点在同一水平，防止闸门倾斜。 (9) 更换的钢丝绳规格应符合《圆股钢丝绳》(GB 1102—74)，并有出厂检验合格证。 (10) 在闭门状态钢丝绳不得过松。滑轮组应转动灵活，滑轮内钢丝绳不得出现脱槽、卡槽现象。

（续表）

序号	项目	工作标准
3	工作要求	(1) 水上钢丝绳维护保养以清洁、检查、调整、均匀涂抹防水油脂为主，具体要求如下：① 定、动滑轮组有裂纹时不允许补焊，应进行更换；滑轮轴承、注油检查，油不足时应补足；滑轮支架检查，支架要牢固、不倾斜、不变形。② 根据钢丝绳上杂质和旧油脂的情况，在涂新油脂前，必须进行清理，清扫旧油脂和杂质；新油涂抹要少量、均匀。③ 压板后钢丝绳头预留长度不超过 10 cm，绳头绑扎可靠，无松散现象；钢丝绳必须有序地排列在卷筒绳槽上，不能错位交叉；钢丝绳两吊点在同一水平，闸门无倾斜现象。 (2) 水下钢丝绳维护保养以清洁、检查、均匀涂抹防水油脂为主，具体要求如下：① 根据钢丝绳上杂质和旧油脂的情况，在涂新油脂前，必须进行清理，清扫旧油脂和杂质。② 查看钢丝绳有无断丝现象，检查磨损状态，如需更换，应及时更换钢丝绳。③ 现场裁剪塑料薄膜和自行车外胎，按照规定要求合理绑扎，新油涂抹要少量、均匀。④ 养护人员需穿着防油工作服，佩戴安全帽，组织学习养护安全知识及养护注意事项，养护现场安排一位兼职安全员巡视检查。
4	注意事项	(1) 钢丝绳养护过程中，应防止机械性损伤和化学物质腐蚀。 (2) 清污除垢应彻底，局部斑渍应清除（不含镀锌绳），必须达到表面光洁。对钢丝绳表面处理，宜采用钢丝刷、铜丝刷及细目铁砂布等工具材料。 (3) 清洗后的钢丝绳应晾晒，晾晒后涂刷润滑脂。所用润滑脂应符合该绳的要求，涂层均匀、全面且不影响外观检查。

考核要点：

1. 钢丝绳保养是否及时、到位，是否有断丝、变形等情况。
2. 钢丝绳油脂涂层是否规范，是否有爬绳、咬边、偏档等现象。
3. 钢丝绳养护记录是否齐全、完整、规范。

重点释义：

1. 江苏省《水闸工程管理规程》(DB32/T 3259—2017)规定：

(1) 钢丝绳应定期清洗保养，并涂抹防水油脂。钢丝绳两端固定部件应紧固、可靠；钢丝绳在闭门状态不得过松。

(2) 钢丝绳达到《起重机 钢丝绳 保养、维护、检验和报废》(GB/T 5972—2016)规定的报废标准时，应予更换；更换的钢丝绳规格应符合设计要求，应有出厂质保资料。更换钢丝绳时，缠绕在卷筒上的预绕圈数，应符合设计要求，无规定时，应大于 4 圈，其中 2 圈为固定用，另外 2 圈为安全圈。

(3) 钢丝绳在卷筒上应排列整齐，不咬边、不偏档、不爬绳；卷筒上固定应牢固，压板、螺栓应齐全，压板、夹头的数量及距离应符合《钢丝绳用压板》(GB/T 5975—2006)的规定。

(4) 双吊点闸门钢丝绳应保持双吊点在同一水平，防止闸门倾斜；一台启闭机控制多孔闸门时，应使每一孔闸门在开启时保持同高。

(5) 发现钢丝绳绳套内浇注块粉化、松动时，应立即重浇。

(6) 弧形闸门钢丝绳与面板连接的铰链应转动灵活。

2.《江苏省水利工程管理考核办法(2017年修订)》(苏水管〔2017〕26号)规定：钢丝绳定期清洗保养，涂抹防水油脂。

3. 钢丝绳断丝、变形、磨损等情况达到下列条件之一时，应予报废：

(1) 钢丝绳断丝性质和数量大于规范的规定。

(2) 钢丝绳断丝紧靠一起形成局部聚集。

(3) 整根绳股断裂。

(4) 钢丝绳的纤维芯损坏或钢芯(或多层结构中的内部绳股)断裂而造成绳径显著减小。

(5) 外层钢丝磨损达到直径的40%。

(6) 钢丝绳直径相对于公称直径减小7%以上。

(7) 钢丝绳表面出现深坑，钢丝绳明显松弛时或经检验确认内部有严重的腐蚀。

(8) 钢丝绳失去正常形状而产生可见的异常变形，绳径局部变大或减小，有扭结、弯折、压扁等问题。

(9) 有特殊热力作用时外表出现可识别的颜色。

4. 水上钢丝绳养护要点

(1) 水上钢丝绳养护包含：穿戴安全设施(准备工具)、定滑轮保养，电动葫芦起吊吊笼、钢丝绳清洗(吊笼起吊至合适位置时对动滑轮保养)，检查钢丝绳有无断丝、锈蚀情况，钢丝绳涂抹防水钙基脂油脂(黄油)，电动葫芦降下吊笼，清理场地。

(2) 对定滑轮表面进行检查，转动是否正常，有无油漆破损或锈蚀，及时修补。使用油纱头(柴油浸泡)擦拭定滑轮，直至定滑轮表面老油、污物清洗干净，对定滑轮油杯老油进行更换。

(3) 水上钢丝保养需高空作业，保养人员必须具有相关高空作业资质或进行有关作业岗位培训。养护前须系好安全带、戴好安全帽等防护用具，检查安全绳固定滑轮是否牢靠。

(4) 在工作便桥和胸墙上铺设彩条布，防止钢丝绳养护时黄油、柴油等跌落污染场地。检查吊笼装置是否紧固、可靠；将养护所需柴油、黄油、纱头、钢丝刷等放入工具桶中，养护人员带着工具桶进入吊笼中，检查安全后，通过电动葫芦将吊笼起升到闸室顶部。

(5) 开始清理顶端钢丝绳，首先用钢丝刷清除钢丝绳上的老黄油，用漆刷浸沾柴油把钢丝绳上零星的老黄油清洗干净，然后用干纱头反复擦拭干净，再用油纱头(柴油预先浸泡过)擦洗，直至钢丝绳表面老油、污物清洗干净。

(6) 然后对钢丝绳进行全面检查，检查有无断丝、表面磨损、锈蚀严重的现象；如需更换，应及时更换钢丝绳。晾干后 2 小时左右，涂抹新黄油(涂抹均匀)。开启电动葫芦升降吊笼，逐段养护钢丝绳。

(7) 当吊笼起吊至合适位置时对动滑轮保养，对动滑轮表面进行检查，检查转动是否正常、有无油漆破损或锈蚀，及时修补。使用油纱头(要用汽油浸泡，柴油挥发慢，易产生灰尘及污物)擦拭动滑轮，直至动滑轮表面老油、污物清洗干净，对动滑轮油杯老油进行更换。

(8) 每孔水上钢丝绳养护完成后，降下吊笼，收起彩条布，对胸墙及工作便桥因钢丝绳保养所污染部位进行清理。保养期间废柴油、黄油、纱头等要集中固定地点处理，不得随地丢弃。

5. 水下钢丝绳保养要点

(1) 水下钢丝绳养护包含：准备工具、放下检修门、钢丝绳清洗、检查钢丝绳现状、钢丝绳涂抹防水钙基脂油脂、塑料薄膜包裹钢丝绳、自行车外胎包裹钢丝绳、电动葫芦起升检修门、清理场地。

(2) 养护前须系好安全带、戴好安全帽等防护用具，在工作便桥和胸墙上铺设彩条布，防止钢丝绳养护时黄油、柴油等跌落污染场地。将养护所需柴油、黄油、纱头、钢丝刷等放入工具桶中。

(3) 开启电动葫芦，放下检修门，养护人员手工拆除原水下钢丝绳上包裹物，用钢丝刷清除钢丝绳上的老黄油，用漆刷浸沾柴油把钢丝绳上零星的老黄油清洗干净，然后用干纱头反复擦拭干净，再用油纱头(用柴油预先浸泡过)擦洗，直至钢丝绳表面老油、污物清洗干净。

(4) 然后对钢丝绳进行全面检查，检查有无断丝、表面锈蚀严重的现象；如需更换，应及时更换钢丝绳。晾干后 6 小时左右，涂抹新黄油(涂抹均匀)。经技术人员现场查验后，升降闸门，逐段养护钢丝绳。

(5) 现场裁剪塑料薄膜和自行车外胎，先用塑料薄膜缠绕钢丝绳表面(不低于 3 圈)，然后用 40 号细铁丝缠绕固定(每隔 30 cm 缠绕一道)；然后在塑料薄膜外用自行车外胎包裹，用 14 号铁丝缠绕固定。

(6) 养护完成后，将闸门下降到底，开启电动葫芦吊起检修门。收起彩条布，对胸墙及工作便桥因钢丝绳保养所污染部位进行清理。保养期间废柴油、黄油、塑料薄膜、自行车外胎、纱头等要集中固定地点处理，不得随地丢弃。

4.28 启闭机养护工作标准

工作标准：

启闭机养护工作标准如表4.29所示。

表4.29 启闭机养护工作标准

序号	项目	工作标准
1	一般定义	启闭机养护是为了减少磨损，消除隐患和故障，保持设备始终处于良好的技术状况，延长使用寿命，确保安全可靠运行。
2	一般规定	(1) 启闭机应编号清楚，设有转动方向指示标志。液压启闭机压力油管应涂刷或标示红色，回油管涂黄色，闸阀涂黑色，手柄涂红色，并标明液压油流向。 (2) 在启闭机外罩设置闸门升降方向标志。 (3) 应根据启闭机相关技术规程，结合启闭机运行情况和实际状况，确定大修周期，按时进行大修。 (4) 当启闭机检测达到《水利水电工程金属结构报废标准》(SL 226—1998)规定的报废条件时，应进行更换。
3	工作要求	(1) 卷扬式启闭机的养护应符合下列要求：① 启闭机机架、防护罩、机体表面应保持清洁，除转动部位的工作面外，应采取防腐蚀措施。防护罩应固定到位，防止齿轮等碰壳。② 注油设施(如油孔、油道、油槽、油杯等)应保持完好，油路应畅通，无阻塞现象。油封应密封良好，无漏油现象。一般根据工程启闭频率定期检查保养，清洗注油设施，并更换油封，换注新油。③ 启闭机的连接件应保持紧固，不得有松动现象。④ 启闭机传动轴等转动部位应涂红色油漆，油杯宜涂黄色标志。⑤ 机械传动装置的转动部位应及时加注润滑油，应根据启闭机转速或说明书要求选用合适的润滑油脂；减速箱内油位应保持在上、下限之间，油质应合格；油杯、油道内油量应充足，并经常在闸门启闭运行时旋转油杯，使轴承得以润滑。⑥ 闸门开度指示器应定期校验，确保运转灵活，指示准确。⑦ 制动装置应经常维护，适时调整，确保动作灵活、制动可靠；液压制动器及时补油，定期清洗、换油。⑧ 开式齿轮及齿形联轴节应保持清洁，表面润滑良好，无损坏及锈蚀。⑨ 应保持滑轮组润滑、清洁、转动灵活，滑轮内钢丝绳不得出现脱槽、卡槽现象；若钢丝绳卡阻、偏磨，应调整。⑩ 钢丝绳应定期清洗保养，并涂抹防水油脂。钢丝绳两端固定部件应紧固、可靠；钢丝绳在闭门状态不得过松。 (2) 螺杆启闭机养护维修应符合下列要求：① 定期清理螺杆，并涂抹油脂润滑、保护，条件允许时可配防护罩。② 螺杆的直线度超过允许值时，应矫正调直并检修推力轴承；修复螺杆螺纹擦伤，及时更换厚度磨损超限的螺杆螺纹。③ 承重螺母、盆形齿轮、伞形齿轮，出现裂纹、断齿或螺纹齿宽磨损量超过允许值时，应更换。④ 及时更换保持架变形、滚道磨损点蚀、滚体磨损的推力轴承。⑤ 螺杆与吊耳的连接应牢固可靠。

（续表）

序号	项目	工作标准
3	工作要求	(3) 液压启闭机的养护应符合下列要求：① 油缸支架与基体联接应牢固，活塞杆外露部位可设软防尘装置。② 调控装置及指示仪表应定期检验。③ 工作油液应定期化验、过滤，油质应符合规定。④ 经常检查油箱油位，保持在允许范围内；吸油管和回油管口保持在油面以下。⑤ 油泵、油管系统应无渗油现象。
4	注意事项	(1) 启闭机械每年汛前全面维护一次，达到动力与操作设备保持完好、灵活状态，机械传动装置位置正确、传动可靠、制动有效、限位开关正确可靠、底脚螺丝紧固等。 (2) 启闭机械应经常保持整洁，转动部位必须保持润滑；开关箱内保持清洁、干燥，闸门开度指示准确。 (3) 当机械发生突然性重大损坏，影响工程正常运用和防洪安全时，应立即组织力量抢修，并迅速报上级管理部门。

考核要点：

1. 启闭机外观完好、整洁情况。

2. 启闭机传动部件润滑情况，制动部件完好情况。

3. 启闭机养护记录是否齐全、完整、规范。

重点释义：

1. 江苏省《水闸工程管理规程》(DB32/T 3259—2017)规定：

(1) 卷扬式启闭机的维修应符合下列要求：

① 启闭机机架不得有明显变形、损伤或裂纹，底脚连接应牢固可靠。机架焊缝出现裂纹、脱焊、假焊，应补焊。

② 启闭机联轴节连接的两轴同轴度应符合规定。弹性联轴节内弹性圈若出现老化、破损现象，应予更换。

③ 滑动轴承的轴瓦、轴颈，出现划痕或拉毛时应修刮平滑。轴与轴瓦配合间隙超过规定时，应更换轴瓦。滚动轴承的滚子及其配件，出现损伤、变形或磨损严重时，应更换。

④ 齿轮联轴器齿面、轴孔缺陷超过相关规定或出现裂纹时，应更换。

⑤ 制动装置制动轮、闸瓦表面不得有油污、油漆、水分等；闸瓦退距和电磁铁行程调整后，应符合 SL 381 的有关规定；制动轮出现裂纹、砂眼等缺陷，应进行整修或更换；制动带磨损严重，应予更换。制动带的铆钉或螺钉断裂、脱落，应立即更换补齐；主弹簧变形、失去弹性时，应予更换；蜗轮蜗杆应保持自锁可靠，锥形摩擦圈间隙调整适当，定期适量加油。

⑥ 滑轮组轮缘裂纹、破伤以及滑轮槽磨损超过允许值时，应更换。

⑦ 卷扬式启闭机卷筒及轴应定位准确、转动灵活，卷筒表面、幅板、轮缘、轮毂等不得有裂纹或明显损伤。

⑧ 钢丝绳达到《起重机 钢丝绳 保养、维护、检验和报废》(GB/T 5972—2016)规定的报废标准时，应予更换；更换的钢丝绳规格应符合设计要求，应有出厂质保资料。更换钢丝绳时，缠绕在卷筒上的预绕圈数，应符合设计要求，无规定时，应大于 4 圈，其中 2 圈为固定用，另外 2 圈为安全圈。

⑨ 钢丝绳在卷筒上应排列整齐，不咬边、不偏档、不爬绳；卷筒上固定应牢固，压板、螺栓应齐全，压板、夹头的数量及距离应符合《钢丝绳用压板》(GB/T 5975—2006)的规定。

⑩ 双吊点闸门钢丝绳应保持双吊点在同一水平，防止闸门倾斜；一台启闭机控制多孔闸门时，应使每一孔闸门在开启时保持同高。

⑪ 发现钢丝绳绳套内浇注块粉化、松动时，应立即重浇。

⑫ 弧形闸门钢丝绳与面板连接的铰链应转动灵活。

(2) 卷扬式启闭机的检修方法和技术标准参考江苏省《水利工程卷扬式启闭机检修技术规程》(DB32/T 2948—2016)和相关技术规范。

(3) 液压启闭机的维修应符合下列要求：

① 液压启闭机的活塞环、油封出现断裂、失去弹性、变形或磨损严重的，应予更换。

② 油缸内壁及活塞杆出现轻微锈蚀、划痕、毛刺，应磨刮平滑。油缸和活塞杆有单面压磨痕迹时，分析原因后，予以处理。

③ 液压管路出现焊缝脱落、管壁裂纹，应及时修理或更换。修理前应先将管道内油液排净后才能进行施焊。严禁在未拆卸管件的管路上补焊。管路需要更换时，应与原设计规格相一致。

④ 更换失效的空气干燥器、液压油过滤器部件。

⑤ 液压系统有滴、冒、漏现象时，及时修理或更换密封件。

⑥ 贮油箱焊缝漏油需要补焊时，可参照管路补焊的有关规定进行处理。补焊后应做注水渗漏试验，要求保持 12 h 无渗漏现象。

⑦ 油缸检修组装后，应按设计要求做耐压试验。如无规定，则按工作压力试压 10 min。活塞沉降量不应>0.5 mm，上、下端盖法兰不应漏油，缸壁不应有渗油现象。

⑧ 管路上使用的闸阀、弯头、三通等零件壁身有裂纹、砂眼或漏油时，均应更换新件。更换前，应单独做耐压试验。工作压力≤16 MPa 时，试验压力为工作压力的 1.5 倍；工作压力>16 MPa 时，试验压力为工作压力的 1.25 倍，保持 10 min 以上无渗漏时，才能使用。

⑨ 当管路漏油缺陷排除后，应按设计规定做耐压试验。如无规定，试验压

力为工作压力的1.25倍，保持30 min无渗漏，才能投入运用。

⑩ 油泵检修后，应将油泵溢流阀全部打开，连续空转≥30 min不得有异常现象。空转正常后，在监视压力表的同时，将溢流阀逐渐旋紧，使管路系统充油（充油时应排除空气）。管路充满油后，调整油泵溢流阀，使油泵在工作压力的25%、50%、75%、100%的情况下分别连续运转15 min，应无振动、杂音和温升过高现象。

⑪ 空转试验完毕后，调整油泵溢流阀，使其压力达到工作压力的1.1倍时动作排油，此时应无剧烈振动和杂音。

⑫ 移动式启闭机行走应平稳，不得有啃轨现象，车轮不得有裂纹等缺陷。

⑬ 移动式启闭机夹轨器支铰应定期保养，钳口张闭灵活，开度均匀，锁闭时应卡紧轨道。

⑭ 移动式启闭机和检修门起吊用电动葫芦在不使用时应停放在水闸一端，并应有防水保护设施，电缆线、滑触线应堆放整齐。轨道应定期保养、油漆，并保持在同一直线上，如发现固定螺栓松动，应及时紧固。

2.《江苏省水利工程管理考核办法（2017年修订）》（苏水管〔2017〕26号）规定：

（1）卷扬式启闭机。启闭机的连接件保持紧固；传动件的传动部位保持润滑；限位装置可靠；滑动轴承的轴瓦、轴颈无划痕或拉毛，轴与轴瓦配合间隙符合规定；滚动轴承的滚子及其配件无损伤、变形或严重磨损；制动装置动作灵活、制动可靠；钢丝绳定期清洗保养，涂抹防水油脂。

（2）液压式启闭机。供油管和排油管敷设牢固；活塞杆无锈蚀、划痕、毛刺；活塞环、油封无断裂、失去弹性、变形或严重磨损；阀组动作灵活可靠；指示仪表指示正确并定期检验；贮油箱无漏油现象；工作油液定期化验、过滤，油质和油箱内油量符合规定。

（3）螺杆式启闭机。螺杆无弯曲变形、锈蚀；螺杆螺纹无严重磨损，承重螺母螺纹无破碎、裂纹及螺纹无严重磨损，加油程度适当。

3. 启闭机控制系统的养护维修应符合下列要求：

（1）修复、更新锈蚀或损坏的接地母线。

（2）修复、更新出现故障或损坏的闸门开度及荷重装置。

（3）更换不符合要求的接触器。

（4）检查电气闭锁装置动作是否灵敏、可靠，能否自动切断主回路电源，及时修复故障缺陷或更换零部件。

4.29 工作票管理工作标准

工作标准：

工作票管理工作标准如表 4.30 所示。

表 4.30 工作票管理工作标准

序号	项目	工作标准
1	一般定义	工作票是准许在电气设备及系统软件上工作的书面命令，也是执行保证安全技术措施的书面依据。
2	一般规定	(1) 工作票由签发人填写。有时为了减少工作票签发人填写的工作量，也可由工作负责人填写本班(组)的工作票。 (2) 工作票签发人由单位批准并公布的人员来担任。工作票签发人不得兼任该项工作的负责人。 (3) 填写工作票应使用能准确表达意思的，符合普通话规范的语言文字。 (4) 工作票上所列人员按责任审票，签名完整，书写工整。 (5) 工作票要用签字笔填写，一式两份，应正确填写，不得任意修改，一张工作票修改不得超过 3 个字。 (6) 两份工作票中的一份必须保存在经常工作地点，由工作负责人收执，另一份由值班人员收执，按值移交。值班人员应将工作票编号、工作任务、许可开始时间及完成时间计入操作记录簿中。
3	工作要求	(1) 常用工作票分为：第一、二种工作票。使用格式按《国家电网公司电力安全工作规程》规定。 (2) 第一种工作票的工作为：① 高压设备上工作需要全部或部分停电的；② 高压室内的二次接线和照明等回路上的工作，需要将高压设备停电或做安全措施的；③ 高压电力电缆需停电的工作；④ 在全部或部分停电的配电变压器台架上或配电变压器室内的工作。 (3) 第二种工作票工作为：① 带电作业或在带电设备外壳上的工作；② 控制盘和低压配电盘、配电箱、电源干线上的工作；③ 二次接线回路上的工作，无须将高压设备停电的；④ 非当值值班人员用绝缘棒和电压互感器定相或用钳形电流表测量高压回路的电流；⑤ 电线路杆塔上的工作。

（续表）

序号	项目	工作标准
4	注意事项	(1) 检修工作结束前，如遇下列情况之一者，应重新签发工作票，并重新履行工作许可证手续，原工作票盖“作废”章：① 部分检修设备将加入运行，需要变更安全措施；② 值班人员发现检修人员严重违反《电力安全工作规程》行为，经劝说无效收回工作票；③ 检修工期延期一次仍不能完成，需要继续工作（注明：因延期而作废）；④ 工作票破损，内容不全或字迹模糊不清。 (2) 工作许可人审查工作票时，发现有下列情况之一者，可将工作票退回，要求重新签发：① 计划工作时间已过期；② 安全措施不足或填写错误；③ 工作票签发人或工作负责人不符合规定；④ 工作内容和工作地点不明确。

考核要点：

1. 是否严格执行工作票制度。

2. 工作票记录是否齐全、完整、认真、规范。

3. 工作票是否及时盖章。

重点释义：

1. 工作票的签发

(1) 工作票由签发人签发，工作负责人填写的工作票也必须由签发人签发。

(2) 一般情况下，一张工作票上的工作地点只限于一个电气连接部分（以刀闸端口为界）。如施工设备属于同一电压、位于同一楼层，同时停送电，且不会触及带电导体时，则允许几个电气连接部分共用一张工作票。

2. 工作负责人（监护人）

(1) 工作负责人由本单位主要技术人员担任。

(2) 工作负责人的变动：工作期间，若工作负责人临时离开现场 2 小时，应由工作票签发人变更新的工作负责人，工作负责人应做好必要的交接。工作负责人的变动只能办理一次，第二种工作票的工作负责人变动情况计入“备注”栏内。

3. 工作人员

(1) 一个班组工作时，填写参加工作的所有人员的姓名。多个班组工作时，可只填写班组负责人姓名。

(2) “共　人”处要填写参加工作的总人数，包括工作负责人和班组负责人。

4. 工作内容和工作地点：填写单位名称、电压等级、设备的名称和编号、工作任务、工作场所或间隔。

5. 计划工作时间：批准的停电检修时间，不包括停送电操作时间。

6. 安全措施由工作票签发人（或工作负责人）和工作许可人分别填写：

(1) 应拉开断路器和隔离开关（包括填写前已拉开的断路器和隔离开关）：填写设备名称和编号。

(2) 应装接地线或接地刀闸：写明接地线的确切地点或应合接地刀闸，工作许可人需加写编号。

(3) 应设遮栏、应挂标示牌：写明遮栏的确切地点、标示牌的确切位置。10 kV隔离开关需放置绝缘护罩的填入此栏。

(4) 补充安全措施：除(1)(2)(3)项之外的其他安全措施或安全注意事项。

(5) 工作许可人应将所做安全措施完整地填入相应栏内，不得简化或写为“同左”“已做”等。

7. 收到工作票时间：在计划工作时间之前，工作票交给值班人员的时间。

8. 许可开始工作时间：工作许可人在完成施工现场的安全措施和许可手续后，签名同意开工的时间。

9. 工作票延期：工作中，预计在计划时间内，检修难以完成，应由工作负责人在计划时间到期前，提前 2 小时以上向工作票签发人申请办理延期手续。第二种工作票的延期记入“备注”栏内。延期手续只能办理一次。

10. 工作终结：工作全部结束后，工作负责人会同值班负责人（工作许可人）对设备状况和现场卫生进行检查，然后双方在工作票上签名，工作终结。并在“备注”栏内盖“已终结”章。

11. 工作票的保管：已终结的工作票，由各单位保存一年以上。

12. 事故抢修时可不用工作票，但要记入操作记录簿内。开工前应做好停电、验电、装设接地线、悬挂标示牌和装设遮栏等安全措施，并指定专人监护。

下列工作可列为事故抢修：

(1) 供电设备发生的事故有可能危及人身安全，造成火灾或设备严重损坏，需要立即处理的。

(2) 救人、灭火。变电事故抢修的时间预计不能超过 4 小时，4 小时以内不能修复的，应按正常检修办理工作票手续。

4.30 操作票管理工作标准

工作标准：

操作票管理工作标准如表 4.31 所示。

表 4.31 操作票管理工作标准

序号	项目	工作标准
1	一般定义	操作票是指在电力系统中进行电气操作的书面依据,是防止误操作(误拉、误合、带负荷拉、合隔离开关、带地线合闸等)的主要措施。
2	一般规定	(1) 倒闸操作票必须由两人进行,其中对设备较为熟悉的一人监护,另一人操作。 (2) 一个操作人一次只能持一份操作票操作,不能同时持几份操作票交叉作业。 (3) 操作时,应先核对设备名称、编号和位置,监护人持票和防误装置的钥匙,大声唱票,操作人用手指操作部位,并大声复诵确认无误后才能操作。 (4) 必须按操作票所列项目顺序依次操作,禁止倒项、添项、漏项及做与操作无关的工作。每操作完一项就打个"√",不准全部操作完了一次打"√"。 (5) 重要项目(退、装、拆接地线,拉、合接地刀闸)的操作时间应记入操作票。 (6) 操作中产生疑问时,应立即停止操作,并向值班负责人报告,待弄清楚后再进行操作,不准擅自更改操作票,不准随意解除闭锁装置。 (7) 全部操作完毕,经检查无误后在"备注"栏盖"已执行"章,并向值班负责人汇报。 (8) 操作票应按编号顺序使用,作废的操作票应注明"作废"字样,已操作的注明"已执行"字样。
3	工作要求	(1) 由操作人填写,监护人初审,值班负责人或操作许可人签名批准。 (2) 操作票应用钢笔或签字笔填写清楚,不得任意涂改。非关键字修改每张不得超过 3 个字,关键字(如:拉、合、停、送、退、投、切,设备的名称和编号)不得修改。 (3) 填写操作票应使用规范的操作术语,不应使用方言。 (4) 操作票的编号一年内不能有重复。 (5) 操作票内一个序号对应一项设备操作内容,不能并项;检查设备的位置状态作为一项,分相操作的设备一相作为一项。 (6) 每张操作票只能填写一个操作任务。操作任务栏和操作项目栏均应填写设备名称和编号。 (7) 操作票上所列人员签名完整、书写工整。 (8) 操作票顺序填写正确。线路停电操作顺序:拉开断路器→拉开线路侧隔离开关→拉开母线侧隔离开关,送电顺序与此相反。 (9) 操作票未用完的空行,从第一行起盖"以下空白"章。

（续表）

序号	项目	工作标准
4	注意事项	(1) 正常操作应尽量避免在交接班时进行，如必须在交接班时进行操作，则由交班人员负责操作完毕。 (2) 操作前应检查所用安全用具是否合格。 (3) 雷电时禁止倒闸操作。

考核要点：

1. 是否严格执行操作票制度。
2. 操作票记录是否齐全、完整、认真、规范。
3. 操作票是否及时盖章。

重点释义：

1. 为避免由于操作错误而产生的人身及设备事故，下列操作必须执行操作票制度：

(1) 投入或切出变压器。

(2) 35 kV、10 kV 等高压带电情况下开关试合闸。

(3) 高压设备的清扫、维护等。

2. 设备运用状态分为下列几种：

(1) 运行：设备的开关及闸刀都在合上位置，电源受电端的电路接通。

(2) 热备用：只有开关在断开位置，其他同运行状态。

(3) 冷备用：断路器、隔离开关、二次回路保险在断开位置。

(4) 检修：在冷备用的基础上，设备已接地，并布置了其他安全措施。

3. 操作票必须填写的主要内容：

(1) 操作任务、起止时间。

(2) 拉开、合上断路器和隔离开关。

(3) 检查断路器和隔离开关的实际位置。

(4) 停电设备验电的具体位置。

(5) 装设、拆除接地线的位置及编号。

(6) 悬挂的标示牌及其位置，装设的遮栏及其地点。

(7) 装设绝缘护罩。

4. 下列工作可不用操作票：

(1) 事故处理。事故处理是指为了不使事故扩大而进行的紧急操作。

(2) 拉合断路器的单一操作。

(3) 拉开接地刀闸或拆除单位仅有的一组接地线。

5. 操作票所列人员的安全责任：

(1) 操作人：在监护人的监护下进行操作，对所执行的各项操作的正确性负责。

(2) 监护人：对监护的各项操作的正确性负主要责任。

(3) 值班负责人(发令人)：对操作票所列操作顺序的正确性、操作任务是否符合现场条件负责。

6. 闸门运行宜执行操作票制度。

7. 操作票的保管：按季度进行统计评议，保存一年。

8. 印制使用。操作票票面统一使用以下印章：已执行、未执行、作废、合格、不合格。

9. 操作票中所有日期、时间均用阿拉伯数字填写。

4.31 安全鉴定工作标准

工作标准：

安全鉴定工作标准如表 4.32 所示。

表 4.32 安全鉴定工作标准

序号	项目	工作标准
1	一般定义	安全鉴定是指按照规范对水闸的安全状况进行检测、复核、评价，来加强水闸安全管理，保障水闸安全运行。
2	一般规定	(1) 首次安全鉴定应在竣工验收后 5 年内进行，以后应每隔 10 年进行一次全面安全鉴定。 (2) 运行中遭遇超标准洪水、强烈地震、增水高度超过校核潮位的风暴潮、工程发生重大事故后，应及时进行安全检查，如出现影响安全的异常现象，应及时进行安全鉴定。 (3) 闸门等单项工程达到折旧年限，应按有关规定和规范适时进行单项安全鉴定。
3	鉴定内容	(1) 水闸安全鉴定工作内容应按照《水闸安全评价导则》(SL 214—2015)执行，包括现状调查、现场安全检测、工程复核计算、安全评价等。 (2) 现状调查应进行设计、施工、管理等技术资料收集，在了解工程概况、设计和施工、运行管理等基本情况基础上，初步分析工程存在问题，提出现场安全检测和工程复核计算项目，编写工程现状调查分析报告。

（续表）

序号	项目	工作标准
3	鉴定内容	(3) 现场安全检测包括确定检测项目、内容和方法，主要是针对地基土和填料土的基本工程性质，防渗导渗和消能防冲设施的有效性和完整性，混凝土结构的强度、变形和耐久性，闸门、启闭机的安全性，电气设备的安全性，观测设施的有效性等，按有关规程进行检测后，分析检测资料，评价检测部位和结构的安全状态，编写现场安全检测报告。 (4) 工程复核计算应以最新的规划数据、检查观测资料和安全检测成果为依据，按照有关规范，进行闸室、岸墙和翼墙的整体稳定性、抗渗稳定性、抗震能力、水闸过水能力、消能防冲、结构强度以及闸门、启闭机、电气设备等复核计算，编写工程复核计算分析报告。 (5) 安全评价应在现状调查、现场安全检测和工程复核计算基础上，充分论证数据资料的可靠性和安全检测、复核计算方法及其结果的合理性，提出工程存在的主要问题、水闸安全类别评定结果和处理措施建议，并编制水闸安全评价总报告。
4	注意事项	(1) 根据《水闸安全鉴定管理办法》（水建管〔2008〕214 号）要求，按照《水闸安全评价导则》（SL 214—2015）规定的程序进行。 (2) 水闸管理单位应根据工程使用年限和存在问题制定安全鉴定计划，报上级主管部门批准。 (3) 经安全鉴定并认定为三类水闸的，管理单位应及时编制除险加固计划。 (4) 大中型水闸工程由于规划设计变更等原因需要报废，或经安全鉴定认定为四类水闸的，需要报废或降等使用。

考核要点：

1. 对鉴定为三、四类的工程，是否采取除险加固、降低标准运用或报废等处理措施。

2. 三、四类加固工程是否制定相应安全应急措施并限制运用，确保工程安全。

3. 安全鉴定资料台账是否齐全、完整、规范。

重点释义：

1. 江苏省《水闸工程管理规程》（DB32/T 3259—2017）规定：

(1) 水闸安全鉴定周期应按下列要求确定：

① 水闸首次安全鉴定应在竣工验收后 5 年内进行，以后应每隔 10 年进行 1 次全面安全鉴定。

② 运行中遭遇超标准洪水、强烈地震、增水高度超过校核潮位的风暴潮、工程发生重大事故后，如出现影响安全的异常现象的，应及时进行安全鉴定。

③ 闸门、启闭机等单项工程达到折旧年限，应按有关规定和规范适时进行单项安全鉴定。

④ 对影响水闸安全运行的单项工程，应及时进行安全鉴定。

(2) 水闸安全鉴定应按《水闸安全评价导则》(SL 214—2015)的规定进行，内容包括现状调查、安全检测、安全复核等。根据安全复核结果，进行研究分析，作出综合评估，确定水闸工程安全类别，编制水闸安全评价报告，并提出加强工程管理、改善运用方式、进行技术改造、加固补强、设备更新或降等使用、报废重建等方面的意见。

(3) 对鉴定为三类的水闸，应及时编制除险加固计划；鉴定为四类水闸需要报废或降等使用的，应报上级主管部门批准，在此之前应采取必要措施，确保工程安全。

2.《江苏省水利工程管理考核办法(2017 年修订)》(苏水管〔2017〕26 号)规定：

按照《水闸安全鉴定管理办法》及《水闸安全评价导则》(SL 214—2015)开展安全鉴定工作，鉴定成果用于指导水闸的安全运行管理和除险加固、更新改造、大修。

3.《水闸安全鉴定管理办法》(水建管〔2008〕214 号)规定：

(1) 水闸安全类别划分为四类：

① 一类闸：运用指标能达到设计标准，无影响正常运行的缺陷，按常规维修养护即可保证正常运行。

② 二类闸：运用指标基本达到设计标准，工程存在一定损坏，经大修后，可达到正常运行。

③ 三类闸：运用指标达不到设计标准，工程存在严重损坏，经除险加固后，才能达到正常运行。

④ 四类闸：运用指标无法达到设计标准，工程存在严重安全问题，需降低标准运用或报废重建。

(2) 水闸安全鉴定包括水闸安全评价、水闸安全评价成果审查和水闸安全鉴定报告书审定三个基本程序。

① 水闸安全评价：鉴定组织单位进行水闸工程现状调查，委托符合第十二条要求的有关单位开展水闸安全评价(以下称“鉴定承担单位”)。鉴定承担单位对水闸安全状况进行分析评价，提出水闸安全评价报告。

② 水闸安全评价成果审查：由鉴定审定部门或委托有关单位，主持召开水闸安全鉴定审查会，组织成立专家组，对水闸安全评价报告进行审查，形成水闸安全鉴定报告书。

③ 水闸安全鉴定报告书审定：鉴定审定部门审定并印发水闸安全鉴定报

告书。

(3) 鉴定组织单位的职责

制订水闸安全鉴定工作计划;委托鉴定承担单位进行水闸安全评价工作;进行工程现状调查;向鉴定承担单位提供必要的基础资料;筹措水闸安全鉴定经费;其他相关职责。

(4) 鉴定承担单位的职责

① 在鉴定组织单位现状调查的基础上,提出现场安全检测和工程复核计算项目,编写工程现状调查分析报告。

② 按有关规程进行现场安全检测,评价检测部位和结构的安全状态,编写现场安全检测报告。

③ 按有关规范进行工程复核计算,编写工程复核计算分析报告。

④ 对水闸安全状况进行总体评价,提出工程存在主要问题、水闸安全类别鉴定结果和处理措施建议等,编写水闸安全评价总报告。

⑤ 按鉴定审定部门的审查意见,补充相关工作,修改水闸安全评价报告。

⑥ 其他相关职责。

(5) 鉴定审定部门的职责:成立水闸安全鉴定专家组;组织召开水闸安全鉴定审查会;审查水闸安全评价报告;审定水闸安全鉴定报告书并及时印发;其他相关职责。

(6) 大型水闸的安全评价,由具有水利水电勘测设计甲级资质的单位承担。中型水闸安全评价,由具有水利水电勘测设计乙级以上(含乙级)资质的单位承担。

(7) 经安全鉴定,水闸安全类别发生改变的,水闸管理单位应在接到水闸安全鉴定报告书之日起 3 个月内,向水闸注册登记机构申请变更注册登记。

(8) 鉴定组织单位应当按照档案管理的有关规定,及时对水闸安全评价报告和水闸安全鉴定报告书等资料进行归档,并妥善保管。

4.《水闸安全评价导则》(SL 214—2015)规定:

(1) 水闸安全评价范围应包括:闸室,上、下游连接段,闸门,启闭机,机电设备,管理范围内的上下游河道、堤防,管理设施和其他与水闸工程安全有关的挡水建筑物。

(2) 水闸安全评价应包括:现状调查、安全检测、安全复核和安全评价等。

(3) 现状调查内容包括:工程技术资料收集、现场检查和现状调查分析。

(4) 安全检测项目包括:地基土、回填土的工程性质;防渗、导渗与消能防冲设施的完整性和有效性;砌体结构的完整性和安全性;混凝土与钢筋混凝土结构的耐久性;金属结构的安全性;机电设备的可靠性;监测设施的有效性;其他有关设施专项测试。

(5) 安全复核包括：防洪标准、渗流安全、结构安全、抗震安全、金属结构安全、机电设备安全等。

(6) 安全评价应在现状调查、安全检测和安全复核基础上进行。

(7) 对评定为二类、三类、四类的水闸，安全评价应提出处理建议与处理前的应急措施，并根据安全管理评价结果对工程管理提出建议。

4.32 项目验收工作标准

工作标准：

项目验收工作标准如表 4.33 所示。

表 4.33 项目验收工作标准

序号	项目	工作标准
1	一般定义	项目验收是指工程竣工之后，根据相关行业标准，对工程建设质量和成果进行评定的过程，这里主要指水闸维修项目。
2	一般规定	(1) 维修项目验收可分为阶段验收、初步验收、竣工验收、质保期结束验收四个阶段。 (2) 阶段验收由项目实施单位(部门)及时组织，验收小组由工程技术及相关人员组成，对工序质量的检查记录和评定的结果及相关资料进行验收。 (3) 初验由项目实施单位(部门)组织，由其工程、财务及相关技术人员参加，在工程完工后及时进行。 (4) 初验合格并出具审计报告后，由项目实施单位(部门)行文向上级管理单位提出竣工验收申请。工程管理部门牵头组织竣工验收，财务(审计)部门或其他相关部门派员参加。 (5) 质保期结束验收由项目实施单位(部门)组织，验收后支付质保金。 (6) 养护项目的验收由各管理单位负责初验，每年初上级管理单位对上年度工程养护情况进行检查验收，对养护工作作出综合评价。 (7) 工程项目结束后分别填写维修项目管理卡、养护项目管理卡。
3	工作要求	(1) 初验内容包括：批复的工程量和工程经费的完成情况、工程质量情况、项目管理卡填写情况等。对工程存在问题提出处理方案，形成初验意见。 (2) 竣工验收的主要内容：是否完成批复的工程内容，质量资料、支付和计量资料是否齐全，经费使用是否符合规定(是否通过竣工审计)，阶段验收、初验是否符合程序，招标采购及其他实施流程是否规范，有无遗留问题，维修项目管理卡填写的内容是否齐全，工程现场、技术资料、财务资料是否一致等。
4	注意事项	(1) 工序质量验收不合格的，不得进行下一道工序施工。 (2) 管理单位应对照各类验收问题及时落实整改。

考核要点：

1. 项目验收是否按照相关规章制度执行。

2. 验收资料是否齐全、完整、认真、规范。

重点释义：

1. 竣工验收程序：听取项目实施单位（部门）和施工单位关于项目实施情况的汇报，查看工程现场，抽查工程质量，查阅项目管理卡，查阅财务支付资料，查阅审计报告，评定工程质量，形成验收会议纪要，参与人员签字。

2. 当工程具备验收条件时，应及时组织验收。未经验收或验收不合格的工程不应交付使用或进行后续工程施工。

4.33 绿化养护工作标准

工作标准：

绿化养护工作标准如表 4.34 所示。

表 4.34 绿化养护工作标准

序号	项目	工作标准
1	一般定义	绿化养护是指对完成绿化苗木进行浇水、修剪、除草、打药、补苗等工作。
2	一般规定	(1) 工程管理范围内宜绿化面积中绿化覆盖率达 95%以上；树木、花草种植合理，宜植防护林的地段要形成生物防护体系；堤坡草皮整齐，无高秆杂草。 (2) 乔灌草相结合，植物配置合理，与周围环境协调美观，月月有花开，四季景不同。 (3) 绿化生产垃圾（如：树枝、树叶、草末等）及时清理；绿地整洁，无砖石瓦块、筐和塑料袋等废弃物。 (4) 绿地、草坪内无堆物堆料或侵占等；行道树树干上无栓钉刻画的现象，树下无堆物堆料等影响树木养护管理和生长的现象。 (5) 清除垃圾杂物后应注意保洁，集中后的垃圾杂物和器具应摆放在隐蔽的地方，严禁焚烧垃圾和枯枝落叶。 (6) 及时对绿化范围进行施肥、治虫、浇水；及时对草坪和绿篱进行修剪；无杂草、杂物。

（续表）

序号	项目	工作标准
3	工作要求	(1) 园植：叶子健壮，叶色正常；枝、干健壮；花灌木着花率高，无落花落蕾现象；草花生长健壮，无残花败叶；草坪生长茂盛，叶色正常，无枯草、杂草。 (2) 水生植物：挺水及浮水植物长于水池相对固定位置；成片水生植物无杂生植物或垃圾杂物；水生植物不应生长泛滥，无明显病害。 (3) 行道树：无缺株、无死树，树木修剪合理，能及时解决树木与电线、建筑物、交通等之间矛盾。 (4) 园林设施：栏杆、园路、桌椅、井盖和牌饰等园林设施完整，做到及时维护和油饰。 (5) 防腐木、栈道：防腐木小品、栈道每两年用刷子做一次表面清洁，抛光打磨并涂抹防腐木油以增强其表面的防水防污性能。 (6) 庭院环境：整体布局协调合理，风格统一，主题鲜明，有较强的水文化气息，并能较好地体现当地的历史人文；庭院建筑小品及设施设置和整体环境相协调，有较高的园林艺术性，景观优美。
4	注意事项	(1) 定期补植、养护，苗木生长旺盛美观，绿化带无缺株缺块，无擅自处理单位登记保护苗木的现象。 (2) 加强管理，严禁绿地内堆放杂物和停放与绿化作业无关的车辆。 (3) 严禁在绿地植物上贴挂标语、晾晒衣物等。

考核要点：

1. 管理范围水土保持设施是否良好。
2. 管理范围内绿化养护是否及时、规范。

重点释义：

1.《江苏省水利工程管理考核办法（2017 年修订）》（苏水管〔2017〕26 号）规定：管理范围内水土保持良好、绿化程度高，水生态环境良好；管理单位庭院整洁，环境优美。

2. 绿化养护质量等级标准

1）一级养护质量标准

(1) 绿化充分，植物配置合理，达到黄土不露天。

(2) 园林植物达到：

① 生长势：好。生长超过该树种该规格的平均生长量（平均生长量待以后调查确定）。

② 叶子健壮：a.叶色正常，叶大而肥厚，在正常的条件下不黄叶、不焦叶、不卷叶、不落叶，叶上无虫尿、虫网、灰尘；b.被啃咬的叶片最严重的每株在 5%以下

(包括5%,以下同)。

③ 枝、干健壮:a.无明显枯枝、死杈,枝条粗壮,过冬前新梢木质化;b.无蛀干害虫的活卵活虫;c.介壳虫最严重处主枝干上100平方厘米1头活虫以下(包括1头,以下同),较细的枝条每尺长的一段上在5头活虫以下(包括5头,以下同),株数都在2%以下(包括2%,以下同);d.树冠完整:分支点合适,主侧枝分布匀称、数量适宜、内膛不乱、通风透光。

④ 措施好:按一级技术措施要求认真进行养护。

⑤ 行道树基本无缺株。

⑥ 草坪覆盖率应基本达到100%;草坪内杂草控制在10%以内;生长茂盛颜色正常,不枯黄;每年修剪暖地型草6次以上,冷地型草15次以上;无病虫害。

(3) 行道树和绿地内无死树,树木修剪合理,树形美观,能及时很好地解决树木与电线、建筑物、交通等之间的矛盾。

(4) 绿化生产垃圾(如:树枝、树叶、草末等)重点地区路段能做到随产随清,其他地区和路段做到日铲日清;绿地整洁,无砖石瓦块、筐和塑料袋等废弃物,并做到经常保洁。

(5) 栏杆、园路、桌椅、井盖和牌饰等园林设施完整,做到及时维护和油饰。

(6) 无明显的人为损坏,绿地、草坪内无堆物堆料、搭棚或侵占等;行道树树干上无栓钉刻画的现象,树下距树干2米范围内无堆物堆料、搭棚设摊、圈栏等影响树木养护管理和生长的现象,2米以内如有,则应有保护措施。

2) 二级养护质量标准

(1) 绿化比较充分,植物配置基本合理,基本达到黄土不露天。

(2) 园林植物达到:

① 生长势:正常。生长达到该树种该规格的平均生长量。

② 叶子正常:a.叶色、大小、薄厚正常;b.较严重黄叶、焦叶、卷叶,带虫尿、虫网、灰尘的株数在2%以下;c.被啃咬的叶片最严重的每株在10%以下。

③ 枝、干正常:a.无明显枯枝、死杈;b.有蛀干害虫的株数在2%以下(包括2%,以下同);c.介壳虫最严重处主枝主干100平方厘米2头活虫以下,较细枝条每尺长的一段上在10头活虫以下,株数都在4%以下;d.树冠基本完整:主侧枝分布匀称,树冠通风透光。

④ 措施:按二级技术措施要求认真进行养护。

⑤ 行道树缺株在1%以下。

⑥ 草坪覆盖率应基本达到95%以上;草坪内杂草控制在20%以内;生长和颜色正常,不枯黄;每年修剪暖地型草2次以上,冷地型草10次以上;基本无病虫害。

(3) 行道树和绿地内无死树,树木修剪合理,树形美观,能较好地解决树木与电线、建筑物、交通等之间的矛盾。

(4) 绿化生产垃圾要做到日铲日清,其他地区和路段做到日铲日清;绿地内无明显的废弃物,能坚持在重大节日前进行突击清理。

(5) 栏杆、园路、桌椅、井盖和牌饰等园林设施基本完整,基本做到及时维护和油饰。

(6) 无较重的人为损坏。对轻微或偶尔发生难以控制的人为损坏,能及时发现和处理,绿地、草坪内无堆物堆料、搭棚或侵占等;行道树树干无明显的栓钉刻画现象,树下距树 2 米以内无影响树木养护管理的堆物堆料、搭棚、圈栏等。

3) 三级养护质量标准

(1) 绿化基本充分,植物配置一般,裸露土地不明显。

(2) 园林植物达到:

① 生长势:基本正常。

② 叶子基本正常:a.叶色基本正常;b.严重黄叶、焦叶、卷叶,带虫尿、虫网、灰尘的株数在 10%以下;c.被啃咬的叶片最严重的每株在 20%以下。

③ 枝、干基本正常:a.无明显枯枝、死杈;b.有蛀干害虫的株数在 10%以下;c.介壳虫最严重处主枝主干上 100 平方厘米 3 头活虫以下,较细的枝条每尺长的一段上在 15 头活虫以下,株数都在 6%以下;d. 90%以上的树冠基本完整,有绿化效果。

④ 措施:按三级技术措施要求认真进行养护。

⑤ 行道树缺株在 3%以下。

⑥ 草坪覆盖率达 90%以上;草坪内杂草控制在 30%以内;生长和颜色正常;每年修剪暖地型草 1 次以上,冷地型草 6 次以上。

(3) 行道树和绿地内无明显死树,树木修剪基本合理,能较好地解决树木与电线、建筑物、交通等之间的矛盾。

(4) 绿化生产垃圾主要地区和路段做到日铲日清,其他地区能坚持在重大节日前突击清理绿地内的废弃物。

(5) 栏杆、园路和井盖等园林设施比较完整,能进行维护和油饰。

(6) 对人为破坏能及时进行处理。绿地内无堆物堆料、搭棚侵占等,行道树树干上栓钉刻画现象较少,树下无堆放石灰等对树木有烧伤、毒害的物质,无搭棚设摊、围墙圈占树等。

4.34 项目采购工作标准

工作标准:

项目采购工作标准如表 4.35 所示。

表 4.35 项目采购工作标准

序号	项目	工作标准
1	一般定义	项目采购是指按照国家及上级有关规定采购工程或设备等的过程。
2	一般规定	(1) 采购遵循公开透明、公平竞争、公正和诚实信用原则。 (2) 支出类采购实行预算控制制度，实际采购、新增项目金额超过预算有关规定的须补充办理审批手续。 (3) 财务部门牵头，由采购部门、财务部门、项目主管部门、纪律监督部门及其他有关部门参加，具体研究项目的采购方式。 (4) 预算在 100 万元以上的项目，一般实行公开招标。 (5) 项目性质相同可合并(如施工地点较近)招标的，应当合并招标采购。 (6) 只能从唯一供应商处采购的，或者发生了不可预见的紧急情况不能从其他供应商处采购的，或者必须保证原有采购项目一致性或者服务配套的要求，需要从原供应商处购置，且不超过原合同金额的百分之十的，可采用单一来源方式采购。采取单一来源方式的，应达成一致意见并形成纪要报单位办公会研究同意。 (7) 不属以上类型的，必须采用竞争性谈判或询价方式。
3	工作要求	(1) 公开招标或邀请招标：按照招投标程序实施。 (2) 单一来源采购：由采购部门、财务部门、项目主管部门、纪律监督等部门组成采购小组，由采购小组对同型号市场价格进行了解，在保证项目质量和双方商定合理价格的基础上进行采购。 (3) 竞争性谈判采购：成立谈判小组；谈判小组集中研究；起草、寄传邀请函；察看现场及为供应商解答疑问；谈判；向成交的供应商发出成交通知单，同时将结果通知所有参加谈判的供应商；签订采购合同；决算工作量审核。 (4) 询价采购：成立询价小组；询价小组集中研究商讨；起草、寄传邀请函；察看现场及为供应商解答疑问；询价；向成交的供应商发出成交通知单，同时将结果通知所有参加询价的供应商；签订采购合同；决算工作量审核。
4	注意事项	在采购中，采购人员及相关人员与供应商有下列利害关系之一的，应当回避：① 参加采购活动前 3 年内与供应商存在劳动关系；② 与供应商的法定代表人或者负责人有夫妻、直系血亲、三代以内旁系血亲或者近姻亲关系；③ 与供应商有其他可能影响政府采购活动公平、公正进行的关系。

考核要点：

1. 项目采购流程是否符合有关规定。
2. 采购过程中有无违规违纪行为。

重点释义：

1. 江苏省水利厅关于印发《江苏省水利厅单位分散采购流程规定》的通知（苏水财〔2013〕26号）规定：

（1）公开招标或邀请招标

属于招标采购的，应与厅招投标管理办公室（设在厅基建处）联系，按照招投标程序实施。

（2）单一来源采购

单一来源采购的，由采购部门、财务部门、项目主管部门、监察等部门组成采购小组，由采购小组对同型号市场价格进行了解，在保证项目质量和双方商定合理价格的基础上进行采购。

（3）竞争性谈判采购

① 成立谈判小组。由采购部门（单位）代表（专家）、财务部门专家及项目主管部门专家、职工代表及其他部门组成谈判小组。有特殊技术要求的，还可聘请有关专家参加。谈判小组成员应由三人以上单数组成，其中专家人数不少于三分之二。监察部门对谈判进行全程监督。

② 谈判小组集中研究。包括：采购需求、质量和服务要求、供应商的资格条件、邀请谈判的供应商名额及具体推荐部门、成交原则、竞争性谈判邀请公告是否需在网站公开、未经邀请而要求参加谈判的供应商资格审查程序、第一次报价文件递交截止时间和地点、谈判具体时间、各轮次报价是否公开等。研究时应当注意的问题：a. 第一次报价文件直接由各供应商谈判当日（密封加盖公章）带到谈判会现场，无须提前送达。b. 成交原则应明确不超过采购预算且根据符合采购需求、质量和服务相等且报价最低成交的原则。c. 确定邀请参加谈判的供应商（含服务商、施工商）名额及部门推荐的供应商的具体名额，必须做到符合相应资格条件参加谈判的供应商为3家以上且为2个以上部门推荐。对采购预算在20万元以上的项目，各单位根据需要可由财审部门再另行推荐一家供应商参加谈判；不得在会上公布供应商的名单；禁止参加谈判的小组成员或单位其他人员向邀请参加谈判的供应商或其他人员透露参加谈判的供应商的名单和联系方式等信息。

③ 起草、寄传邀请函。由采购部门会同相关部门起草邀请谈判文件，将会签后的邀请函盖章后送推荐供应商的部门，由推荐部门分别填写邀请的供应商及本部门联系电话后，由推荐部门直接发给供应商。

④ 察看现场及为供应商解答疑问。供应商如有疑问的，由其与推荐部门联系，由推荐部门联系采购部门确定具体时间答复疑问。采购部门不得安排供应商同时察看现场。禁止陪同察看现场的采购部门人员打听供应商的单位、联系

方式,或者将本单位及本人的联系方式提供给供应商。采取必要措施防止参加谈判的各供应商之间相互串通。在第一次谈判文件接收截止时间前,如谈判文件有实质性变动的,应当以书面形式通知所有参加谈判的供应商。

⑤ 谈判。a. 监察人员宣布谈判纪律:除监察人员联系电话外,所有人员通信工具一律关闭;谈判期间不得向任何一方透露与谈判有关的其他供应商的技术资料、价格和其他信息。谈判期间所有人员(含监察人员)不得擅离现场。b. 在谈判现场对参加谈判的供应商代表的身份证原件登记及审核,如是委托代理人,需查验授权委托书、正常交费的养老保险或医疗保险证明、能证明委托代理人是供应商单位职工身份的材料。如不能确认的,应取消该供应商参加谈判资格,并记入有关诚信档案。c. 查验供应商报价密封情况,确认密封完好后再拆封。如未密封、不公开报价的,应让提供报价文件的供应商签字确认。d. 审核供应商的基本信息、谈判文件是否响应,提出谈判时需供应商分别澄清的问题,谈判小组明确谈判要点。e. 谈判小组所有成员集中与单一供应商分别进行谈判。谈判小组对供应商谈判报价文件中含义不明确、同类问题表述不一致或有明显文字和计算错误的,可以要求供应商以书面形式加以澄清、说明或纠正,并要求其授权代表签字确认。不能澄清的实质问题或者经确认资质条件不符合的,谈判小组研究后通知其不再参加报价。f. 各供应商在规定的时间内分别报价,报价单装入指定信封,未收齐所有供应商报价,谈判人员不得拆看已递交的报价。报价单收齐后,集中宣读各轮各供应商报价直至最后报价。g. 根据最后一轮报价情况,在不超过预算的情况下,谈判小组依据符合采购需求、质量和服务相等且报价最低的原则确定第一候选成交供应商及第二候选成交供应商各一名。h. 谈判小组应将谈判情况形成书面纪要并分别签字。非最低价成交的,必须报单位办公会研究确定(其中预算在 20 万元以上的,需报厅财审处有关部门研究、报厅领导确定)。

⑥ 向成交的供应商发出成交通知单,同时将结果通知所有参加谈判的供应商。

⑦ 签订采购合同。

⑧ 决算工作量审核必须由单位审计部门(或审计人员)指定非项目实施单位(含项目主管部门)的人员进行工作量审核。调增合同单价或合同价格的,必须由项目实施单位(部门)说明理由,由项目主管部门出具意见经审计部门工作量审计后,报单位办公会研究确定并形成纪要。

(4) 询价采购

① 成立询价小组。由采购部门(单位)代表(专家)、财务部门专家及项目主管部门专家、职工代表及其他部门组成谈判小组。有特殊技术要求的,还可聘请有关专家参加。谈判小组成员应三人以上单数组成,其中专家人数不少于三分

之二。监察部门对谈判全过程进行全程监督。

② 询价小组集中研究商讨。包括:采购需求、质量和服务要求、询价对象的资格条件、邀请询价的供应商名额及具体推荐部门、成交原则、询价文件是否需在网站公开、未经邀请而要求参加询价的供应商资格审查程序报价文件接收截止时间和地点等。研究时应当注意的问题:a. 报价文件由分别推荐供应商的部门(单位)接收,待报价文件递交截止日时送监察部门,报价文件应密封加盖公章。b. 在不超过采购预算的情况下,按照符合采购需求、质量和服务相等且报价最低成交的原则执行。c. 确定邀请参加询价的供应商(含服务商、施工商)名额及部门推荐供应商的具体名额,必须做到符合相应资格条件,参加询价的供应商不少于 3 家且为 2 个以上部门推荐。对采购预算在 20 万元以上的项目,根据需要可由厅财审处再另行推荐一家供应商参加询价;不得在会上公布供应商的名单;禁止询价小组成员或单位其他人员向邀请参加询价的供应商或其他人员透露参加询价的供应商的名单和联系方式等信息。

③ 起草、寄传邀请函。由采购部门会同相关部门起草邀请询价文件,将会签后的邀请函盖章后送有关推荐部门,由推荐部门分别填写邀请的供应商及本部门联系电话后,由推荐部门直接发给供应商。

④ 察看现场及为供应商解答疑问。供应商如有疑问的,由其与推荐部门联系,由推荐部门联系采购部门确定具体时间答复疑问。采购部门不得安排供应商同时察看现场,禁止陪同察看现场的采购部门人员打听供应商的单位、联系方式或者将本单位及本人的联系方式提供给供应商。采取必要措施防止参加谈判的各供应商之间相互串通。在报价文件接收截止前 2 天,如询价文件有实质性变动的,应当以书面形式通知所有参加谈判的供应商。

⑤ 询价。a. 在报价文件截止时间后,由财务部门牵头召开询价小组会议。b. 监察人员宣布纪律:所有人员不得向任何一方透露与谈判有关的其他供应商的技术资料、价格和其他信息;通信工具一律关闭,其间所有人员不得擅离现场,与供应商电话澄清问题时应使用免提等。c. 查验供应商报价密封情况。如未密封,应查明原因,属接收后的原因,应停止本次询价进行重新询价并查明原因。属报价供应商自身原因,由询价小组根据情况确定是否作为有效报价文件。d. 拆封报价文件。具备拆封报价文件条件的,将所有报价文件现场拆封唱价。e. 审核供应商的基本信息、询价文件是否响应,提出需向供应商澄清的问题。对询价文件没有响应的问题或需澄清的问题,进行现场向供应商电话免提确认释疑并要求供应商盖章、法定代表人签字后传真。未向供应商就有关问题进行澄清或澄清后符合条件的,不得将供应商报价定为无效报价。f. 根据符合采购需求、质量和服务相等且报价最低的原则确定第一候选成交供应商及第二候选供应商。g. 询价小组将谈判情况形成书面纪要并分别签字。非最低价成交的,

必须报单位办公会研究确定(其中预算在20万元以上的,由厅财审处与有关部门研究,再报厅领导确定)。

⑥ 向成交的供应商发出成交通知单,同时将结果通知所有参加询价供应商。

⑦ 签订采购合同。

⑧ 决算工作量审核。由单位审计部门(或审计人员)指定非项目实施单位及项目主管部门的人员进行工作量审核。调增合同单价或合同价格的,必须由项目实施单位(部门)说明理由,由项目主管部门出具意见报单位办公会研究确定并形成纪要。

2.《中华人民共和国政府采购法实施条例》规定:

(1) 政府采购工程以及与工程建设有关的货物、服务,采用招标方式采购的,适用《中华人民共和国招标投标法》及其实施条例;采用其他方式采购的,适用政府采购法及本条例。

前款所称工程,是指建设工程,包括建筑物和构筑物的新建、改建、扩建及其相关的装修、拆除、修缮等;所称与工程建设有关的货物,是指构成工程不可分割的组成部分,且为实现工程基本功能所必需的设备、材料等;所称与工程建设有关的服务,是指为完成工程所需的勘察、设计、监理等服务。

政府采购工程以及与工程建设有关的货物、服务,应当执行政府采购政策。

(2) 采购人在政府采购活动中应当维护国家利益和社会公共利益,公正廉洁,诚实守信,执行政府采购政策,建立政府采购内部管理制度,厉行节约,科学合理确定采购需求。

采购人不得向供应商索要或者接受其给予的赠品、回扣或者与采购无关的其他商品、服务。

(3) 参加政府采购活动的供应商应当具备政府采购法第二十二条第一款规定的条件,提供下列材料:

① 法人或者其他组织的营业执照等证明文件,自然人的身份证明。

② 财务状况报告,依法缴纳税收和社会保障资金的相关材料。

③ 具备履行合同所必需的设备和专业技术能力的证明材料。

④ 参加政府采购活动前3年内在经营活动中没有重大违法记录的书面声明。

⑤ 具备法律、行政法规规定的其他条件的证明材料。

采购项目有特殊要求的,供应商还应当提供其符合特殊要求的证明材料或者情况说明。

(4) 政府采购工程依法不进行招标的,应当依照政府采购法和本条例规定的竞争性谈判或者单一来源采购方式采购。

(5) 招标文件的提供期限自招标文件开始发出之日起不得少于5个工作日。

(6) 供应商捏造事实、提供虚假材料或者以非法手段取得证明材料进行投标的，由财政部门列入不良行为记录名单，禁止其1至3年内参加政府采购活动。

(7) 采购人、采购代理机构有下列情形之一的，依照政府采购法第七十一条、第七十八条的规定追究法律责任：

① 未依照政府采购法和本条例规定的方式实施采购。

② 未依法在指定的媒体上发布政府采购项目信息。

③ 未按照规定执行政府采购政策。

④ 违反本条例第十五条的规定导致无法组织对供应商履约情况进行验收或者国家财产遭受损失。

⑤ 未依法从政府采购评审专家库中抽取评审专家。

⑥ 非法干预采购评审活动。

⑦ 采用综合评分法时评审标准中的分值设置未与评审因素的量化指标相对应。

⑧ 对供应商的询问、质疑逾期未作处理。

⑨ 通过对样品进行检测、对供应商进行考察等方式改变评审结果。

⑩ 未按照规定组织对供应商履约情况进行验收。

4.35 合同管理工作标准

工作标准：

合同管理工作标准如表4.36所示。

表4.36 合同管理工作标准

序号	项目	工作标准
1	一般定义	合同管理是指项目管理人员根据合同进行项目的监督和管理。
2	一般规定	(1) 建立合同管理体系，明确各自职责和分工，明确合同管理任务。 (2) 安排专人进行合同管理，同时建立完善的合同管理体系，形成合同管理的有效整体机制。 (3) 增强合同意识，提高合同管理人员的管理水平。 (4) 严格制定合同管理的各项规章制度，按章办事，加强合同变更管理。 (5) 依法订立合同，严格进行合同交底，建立合同管理档案台账，对合同履行情况进行监督检查、统计分析。 (6) 及时协调各种关系，保证合同顺利实施。

(续表)

序号	项目	工作标准
3	工作要求	(1) 合同订立,包括起草合同文本、合同谈判、合同签订等。 (2) 合同履行,履行过程中要特别注意违法分包的情况,一般不得分包。 (3) 合同终止,双方协商一致,可以解除合同。 (4) 违约责任,必须遵照合同法以及签订的合同执行,对于违约引起的损失应当按约定要求进行赔偿。
4	注意事项	(1) 工程变更应按照合同条款进行处理。 (2) 合同双方均可根据合同及法律规定向对方进行索赔,索赔的处理按照合同约定的方式进行。 (3) 形成合同争议要及时解决。

考核要点:

1. 合同签订流程是否符合有关规定。

2. 合同文本是否完整、规范。

3. 合同履行是否规范,合同款支付是否严格按照合同条款。

重点释义:

1. 合同内容要全面真实,一般应包括以下条款:

(1) 当事人的名称或者姓名和住所。

(2) 标的,即合同当事人权利义务一致指向的对象。

(3) 数量,计量单位明确、具体,解释方法统一,计量方法和正负尾差及自然损耗率要明确。

(4) 质量,即标的物的规格、性能、款式、特定标准(包括国家标准、行业标准、地方标准)、品牌、商标、说明书(机电仪器及大型成套设备和技术密集等产品的详细说明)提供服务必须达到标准,包括提供的图纸和技术保证资料。

(5) 价款或者报酬。

(6) 履行期限、地点和结算方式。

(7) 违约责任。

(8) 解决争议的方法。

(9) 合同的生效方式;应注明"本合同及其变更合同或附属合同一律经本单位法定代表人或法定代表人委托代理人签字并加盖印章,方可生效,其他方式一律无效"。

(10) 双方约定的其他条款。

2. 合同签订,必须按规定审查批准程序办理。要明确合同项目责任人,合同项目责任人应对合同签订和执行全过程负责。项目责任人应同时对资质审查情况(含原始论证材料)、合同谈判过程以及可能存在的问题作说明,以便审查。合同签订后,作为附件一并存档。合同会签一般需附以下资料:

(1) 请示报告或相关资料的审批意见。

(2) 招标比价公告文件。

(3) 预算和标底证明资料。

(4) 会议纪要并附有各报价人按公告要求提供的资格证明材料、报价表等。

(5) 成交公示。

(6) 成交通知单。

(7) 采购流程表。

(8) 其他相关资料。

3. 合同执行过程中需要变更合同内容的,应当由合同双方协商一致,并由职能部门提出变更理由,按程序办理审批手续后签订变更合同。

4. 变更或解除经济合同一律采用书面形式,其他形式一律无效。

4.36 财务报销工作标准

工作标准:

财务报销工作标准如表 4.37 所示。

表 4.37 财务报销工作标准

序号	项目	工作标准
1	一般定义	财务报销是指业务经办部门在业务发生取得原始凭据后,按规定的审批程序办理的经费结算活动。
2	一般规定	(1) 必须建立资金支付申请、资金支付复核、领导审批、办理支付的拨付程序。 (2) 支付复核:各部门负责人审核经济业务的真实性后,由财务部门进行复核。主要复核手续及相关凭证是否齐备、合规,金额计算是否正确,支付方式、收款单位是否合规。 (3) 支付审批:支付复核后,按照单位内部领导职责权限,交领导进行审批。 (4) 办理支付:出纳人员根据合规的支付申请,依照有关规定办理货币资金支付。

（续表）

序号	项目	工作标准
3	工作要求	(1) 物资采购报销程序：① 审批程序。凡是购置固定资产和物资采购与日常管理费用等支出超过单位有关规定的，必须报批准后方可实施。属于集中采购项目，必须经申报由单位统一组织竞价采购。② 采购程序。采购程序按相关规则进行采购。③ 报销程序。一次性消耗物品由单位各部门进行验收，及时办理验收、入库手续，报销后，按审批程序进行领用；报销人员必须严格执行审批制度。 (2) 报销手续票据要求：① 票据。报销人所持凭证必须合法，业务必须真实。外来发票必须具备开票的时间、品名、数量、单价、复价、大小写金额等会计要素，填写必须清楚、正确、规范。必须具有开票单位的税务、财政监制章，定额发票需附明细清单，无明细清单的，需在定额发票上注明品名、数量、单价，并经经办人签名；一式多联的凭证必须注明各联的用途，只能以发票（收据联）作报销凭证，杜绝白纸发票和自制白条代替附件。② 手续。经济业务发生后，无论是外来凭证，还是自制凭证，都必须及时办理报销手续，一般不得跨月结算。办理工程结算支付手续时，附件必须具备正式发票、请示及批复、中标通知书、合同（协议）、预算（要审核）、决算审核（由分管所长、技术负责人等审核，最少两人签字）、验收纪要等相关资料；临时工工资、差旅费的按要求转账，其他符合现金支付条件的，现金支付一般不得超过 1000 元，确需超过限额支付的，必须事前得到同意批准。超过 1000 元的，一般通过银行结算，领用支票的单位或个人，必须填写使用申请单，经单位领导批准后方可支付。其他有文件规定或要求的，按规定和要求执行。
4	注意事项	(1) 发票在 5000 元以上的，须在税务网上进行查证，辨其真伪，查证后打印出网页截图，并签名。 (2) 自制凭证必须是单位财务部门统一规定的样式，不可随意更改。

考核要点：

1. 费用报销手续是否符合有关规定。

2. 财务报销档案是否齐全、完整、规范。

重点释义：

1.《江苏省水利厅厅直属单位财务管理制度》（苏水财〔2008〕10 号）规定：

（1）各单位财务活动在单位负责人领导下，由单位财务部门统一管理和核算，单位主要负责人对本单位财务管理工作负总责。

重大财务事项须由领导班子集体讨论，会计机构负责人或者会计主管人员参加，并形成会议纪要或书面记录。重大财务事项主要包括：① 通过年度财务预算;② 内部财务管理制度;③ 经济实体设立;④ 对外投资、借款、大额资金的使用和调度、资产处置及招租、项目招投标;⑤ 经济责任承包办法、奖金福利分配方案;⑥ 其他需要由集体讨论的重大财务事项。

(2) 各单位必须健全银行存款内部控制系统,制定支票登记、领用、报账、核对、清查等具体管理办法,明确各环节有关人员的责任。

(3) 银行印鉴不得置于一人保管,出纳人员提取现金、银行转账必须办理批准手续后方可提现或转账。主办会计必须于次月 7 日前逐笔核对上月银行对账单,并在对账单上签"已核"、姓名及日期。主办会计每季必须检查库存现金及单位公务卡备用金余额,并做好核对记录,出纳和主办会计分别签字。

2. 固定资产是指使用期限超过一年,单位价值在 1000 元以上(其中:专用设备单位价值在 1500 元以上),并在使用过程中基本保持原有物质形态的资产。单位价值虽未达到规定标准,但是耐用时间在一年以上的大批同类物资,作为固定资产管理。

3. 报销人员必须严格执行审批制度。首先收款人(或经手人)在报销封面上签名,然后部门负责人对原始凭证审核、验收,并在报销封面与发票上签名,再由现金会计进行复核与计算,送由分管领导进行发票审批,最后由分管财务科长(处属各单位由总账会计)审核,安排列支渠道,送分管财务领导审批,部门负责人和单位主要负责人在发票上签名。如发现不真实、不合法的原始凭证,审核、审批人员不予受理,对记载不准确、不完整或涂改的原始凭证,应坚决予以退回。

4. 包工不包料的工程,涉及购置材料的,要有购入材料的正式发票、材料入库单,入库单上要有包括两个以上经办人员的签字。如果材料是沙子、石子等大宗材料,还要有过磅单、清单等附件。

5. 临时人员工资,要有税务部门开具的正式发票、所有临时人员的身份证复印件(在身份证复印件上要留联系电话)、具体工作量、工作地点、工作内容的决算表、考勤表、验收单等,且发放临时人员工资时必须由本人签名,不得代签,并通过银行转账进行款项支付,不得以现金支付。结算无特殊情况不得跨月,特殊情况的要写说明,并由两人以上签名。

4.37 车辆使用工作标准

工作标准:

车辆使用工作标准如表 4.38 所示。

表 4.38　车辆使用工作标准

序号	项目	工作标准
1	一般定义	车辆使用是指水闸管理单位为防汛防旱、工程巡查、出差办事等公务而使用车辆的行为。
2	一般规定	(1) 单位公务用车实行审批制,按程序填制、审批"用车申请单"。 (2) 以高效、节约为原则,做到"三不派车":一是目的地交通便捷的不派车;二是车辆空座率达到50%的不派车;三是副科级以下人员(不含副科级)无紧急公务的不派车。 (3) 公务车辆实行统一管理和调度,保证车辆安全、卫生,提高使用效率,降低运行费用,保证单位公务活动正常用车。 (4) 车辆使用服务于单位公务活动,任何人未经批准不得擅自调用车辆。 (5) 认真贯彻执行单位制定的车辆管理规定和各项规章制度,服从管理,听从安排,积极完成工作任务,严禁酒后驾驶车辆。
3	工作要求	(1) 公务用车由办公室统一调度,并通知驾驶员。 (2) 因公用车,须提前一天以上由科室主要负责人填写出车申请单,注明用途,经各部门分管领导批准后由办公室统一安排车辆。各部门、各单位要服从调度,积极配合。 (3) 职工个人因私用车,原则上不予派车,特殊情况确需用车的,坚持严格控制的原则,由职工本人申请,经办公室审核,交分管领导审批后,到财务部门交纳相关费用,再由办公室按照先公后私的原则签发出车通知单。 (4) 鼓励单位人员在工作中乘坐公共交通工具,交通费用按实报销,不列入本人或本部门的用车指标内。 (5) 如遇紧急公务或职工突患急症等特殊情况,驾驶员在电话征得分管领导同意后可先行出车,回单位后补办相关手续。
4	注意事项	(1) 公务车辆驾驶员不得擅自将车开回家,办完公事必须将车辆停放在规定的地点,不得因私使用车辆。 (2) 驾驶员要爱护车辆,做到"勤查、勤洗",确保车辆安全行驶,杜绝"病车""脏车"上路。

考核要点:

1. 用车手续是否符合有关规定。

2. 车辆是否按规定进行保养、检修。

重点释义:

1. 公车调度原则

严格控制、厉行节约、分轻重缓急统筹安排。下列情况可派车:防汛抗旱、领导公务活动、急需防汛抗旱及其他材料的购置、大额存款及取款、特殊情况的购粮买菜、恶劣气候条件下职工上下班、紧急情况用车。

2. 驾驶员出车、行驶、返回规定

(1) 出车单由办公室统一制作并发放至各部门。用车审批单按程序签发，驾驶员凭出车审批单出车。出车结束后，审批单应交车辆管理员保存备查。凡无出车通知单出车，一律视为私自用车。

(2) 驾驶员应按出车审批单规定的路线或目的地行驶，并负责向乘车人说明行车前后里程数，要求乘车人在审批单上签字，并注明本次出车的里程数。不得擅自更改路线、绕道游玩、延期回程。

(3) 长途出差原则上应提前一天通知驾驶员。

(4) 驾驶员不得疲劳驾驶，驾驶员连续驾驶4小时要休息20分钟以上，用车部门(人员)应支持驾驶员工作并安排好驾驶员的休息。

(5) 原则上不得安排驾驶员连续出长途。

(6) 用车部门(个人)应给驾驶员提供宽松的驾驶环境，尽量不赶时间。

(7) 驾驶员不得擅自将车辆交给他人驾驶，否则一经发现将调离驾驶员岗位，且所发生的一切后果，由驾驶员负责。

(8) 驾驶员应定期参加安全教育学习，熟悉并遵守交通规则，按章驾驶，并按照交通法规要求为车辆配备标志牌、灭火器等随车应急设施。

(9) 出车回程后，应及时向办公室签到并将车辆停放在指定位置，随时做好出车准备。确因返回太迟、下雨(雪)或其他特殊原因，经用车人同意方可将车开回住地，第二天签到时需向车辆管理员说明情况，否则一律视为私自用车。

3. 车辆维修

(1) 驾驶员必须爱惜车辆，认真做好车辆的正常维护工作，保持车辆外观清洁、内部整洁美观，保持良好车况，发现问题及时提出检修申请。

(2) 车辆实行加油卡加油，苏通卡交费。特殊情况下没有中石化加油点且必须加油时方可现金加油，报销时需出具出差当事人证明，否则一律不予报销。道路通行费报销时，车辆管理员应加强审核，使用苏通卡的路段，一律用苏通卡支付，不予报销现金。

(3) 大修(维修费用1万元以上)、三保及其他零星修理由管理员申请，办公室审核，财务部门会签，报分管办公室的领导审批。三保及其他零星修理由车辆管理员统一安排到政府统一采购维修站维修，大修由单位集中采购小组进行竞价定点维修。大修、三保及其他零星修理必须由办公室再指定一名懂技术、有责任心的驾驶员和车辆维修驾驶员一起进场核定维修项目和维修价格。申请修理及三保时必须同时附修理项目、费用及合同，中途需更改修理内容的，必须重新办理有关审批手续后方可进行。没有审批手续，任何人不得安排修理，否则费用不予报销。

（4）行车途中，因故障必须发生的修理费用，需由用车人证明，无法证明的，回单位后及时向办公室汇报。

（5）车辆维修的所有资料必须及时存入车辆管理档案。

4. 费用报销规定

（1）车辆运行的一切费用由办公室登记台账后，方可按程序报销。

（2）在修理厂发生的一切费用，由办公室结算，其他人一律不得结账。费用结算时，必须有验收手续，验收人由车辆管理员、维修车辆驾驶员、办公室指定驾驶员三方共同签字，大修验收人除了上述三方签字外，还必须经财务、纪检监察部门签字确认后，方可报销。

（3）驾驶员每月报销差旅费、过桥（路）费、出车补助时必须以出车通知单作为附件，由车辆管理员审核、登记，有备查台账。

（4）因公发生非车辆维修费用需经有关人员证明后，方可报销。

5. 车辆安全工作

（1）办公室成立车辆安全领导小组，由办公室主任、管理员和安全员组成。

（2）车辆安全领导小组，负责制定有关规章制度及车辆的车容、车貌、车况的督促检查，确保安全工作有组织、有领导、有制度、有检查、有评比的“五有”规定落到实处。

（3）车辆管理员和安全员要经常组织驾驶员学习有关法律、法规及业务知识，不断提高驾驶员的业务技能并及时整理好车辆管理台账。

（4）驾驶员行车安全情况列入驾驶员年度考核。

4.38　出差审批工作标准

工作标准：

出差审批工作标准如表 4.39 所示。

表 4.39　出差审批工作标准

序号	项目	工作标准
1	一般定义	出差审批是为了规范职工差旅、外出学习培训等因公外出工作管理，使因公外出审批、报销管理工作规范化、制度化。

（续表）

序号	项目	工作标准
2	一般规定	(1) 建立健全公务出差审批制度，出差必须按规定上报并经批准。 (2) 公务出差须凭有关会议通知、上级文件、公函、领导批准意见等办理审批手续，填写公务出差审批单。 (3) 公务出差差旅费（包括城市间交通费、住宿费、伙食补助费和市内交通费）管理按照相关规定执行。 (4) 出差人员要严格控制出差天数和人数，凡超出批准范围产生的费用一律不予报销。 (5) 出差人员出差期间应严格遵守中央和省、市有关“厉行节约、反对浪费”等各项规定，不得向接待单位提出正常公务活动以外的要求，不得在出差期间接受违反规定用公款支付的宴请、游览和非工作需要的参观，不得接受礼品、礼金和土特产品等。 (6) 财务部门应当加强对单位工作人员出差活动和经费报销的内控管理，对本单位出差审批制度、差旅费预算及规模控制负责。
3	注意事项	(1) 严格差旅费预算管理，控制差旅费支出规模。 (2) 严禁无实质内容、无明确公务目的的差旅活动，严禁以任何名义和方式变相旅游，严禁异地部门间无实质内容的学习交流和考察调研。 (3) 对于未经批准擅自出差、不按规定开支和报销差旅费的人员，严肃追究其违规违纪责任。

考核要点：

1. 单位出差审批制度是否健全。
2. 出差活动是否按规定履行审批手续。
3. 差旅费开支范围和开支标准是否符合规定。

重点释义：

1. 城市间交通费

(1) 城市间交通费是指工作人员因公到常驻地以外地区出差乘坐火车、轮船、飞机等交通工具所发生的费用。

(2) 出差人员应按照规定等级乘坐火车硬席（硬座、硬卧）、高铁/动车二等座、全列软席列车二等软座、轮船（不包括旅游船）三等舱、飞机经济舱和其他交通工具（不包括出租小汽车，下同），凭据报销。

未按规定等级乘坐交通工具的，超支部分由个人自理。

(3) 到出差目的地有多种交通工具可选择时，出差人员在不影响公务、确保安全的前提下，应当选乘经济便捷的交通工具。

出差人员乘坐飞机要从严控制，出差路途较远或出差任务紧急的，经单位领导批准方可乘坐飞机,凭据报销。省内出差如遇出差任务特别紧急且交通不便的,经单位领导批准,可以租赁车辆作为交通工具,往返租赁费用(不含住勤期间)可凭据报销。

(4) 乘坐火车、轮船、飞机、客车等交通工具的,每人次可以购买交通意外保险一份。

2. 住宿费

(1) 住宿费是指工作人员因公出差期间入住宾馆(包括饭店、招待所)发生的房租费用。

(2) 工作人员到外省出差,执行财政部公布的分地区住宿费限额标准,工作人员在省内出差,执行财政部公布的江苏省住宿费限额标准。

(3) 出差人员应当在职务级别对应的住宿费标准限额内,选择安全、经济、便捷的宾馆住宿。

3. 伙食补助费

(1) 伙食补助费是指对工作人员在因公出差期间给予的伙食补助费用。

(2) 工作人员出差伙食补助费按出差自然(日历)天数计算。

(3) 出差人员应当自行用餐。

4. 市内交通费

(1) 市内交通费是指工作人员因公出差期间发生的市内交通费用。

(2) 工作人员出差市内交通费按出差自然(日历)天数计算。

单位内部出差,乘坐公务车辆的,不报销市内交通费;未乘坐公务车辆的,凭应该行走路线的车票报销市内交通费。

(3) 出差人员接待单位或其他单位协助提供交通工具的,应当自行支付交通费用并收取相关凭据。

5. 报销管理

(1) 出差人员应当严格按规定开支差旅费,费用由所在单位承担,不得向下级单位、企业或其他单位转嫁。

(2) 出差人员应在差旅活动结束后一个月内办理报销手续。差旅费报销时应当提供出差审批单、机票、车船票、住宿发票等相关凭证,出差人员对其真实性负责。

(3) 各单位财务部门应当严格按规定审核差旅费各项开支,未按照规定开支的差旅费,超支部分由个人自理。

(4) 出差人员实际发生住宿而无住宿费发票的,不得报销住宿费以及城市间交通费、伙食补助费和市内交通费。

6. 工作人员外出参加会议、培训,举办单位统一安排食宿的,会议、培训期间的食宿费和市内交通费由会议、培训举办单位按规定统一开支;往返会议、培训地点的差旅费由所在单位按照规定报销。

7. 按照组织安排，到常驻地以外地区单位实(见)习，工作锻炼、支援工作以及参加各种工作队的人员，在途期间(仅指首次前往和期满返回)的差旅费回原单位按照规定报销；工作期间的出差差旅费执行驻地规定，费用由驻地单位承担。